上海市建筑标准设计

海绵城市建设技术标准图集

DBJT 08—128—2019

图集号：2019 沪 L003　2019 沪 S701

同济大学出版社

2020 上海

图书在版编目（CIP）数据

海绵城市建设技术标准图集 / 上海市政工程设计研究总院（集团）有限公司主编 . -- 上海：同济大学出版社，2020.6

ISBN 978-7-5608-9200-9

Ⅰ . ①海… Ⅱ . ①上… Ⅲ . ①城市建设－技术标准－上海－图集 Ⅳ . ① TU984.251-65

中国版本图书馆 CIP 数据核字（2020）第 039888 号

海绵城市建设技术标准图集

上海市政工程设计研究总院（集团）有限公司　主编

策划编辑　张平官

责任编辑　朱　勇

责任校对　徐春莲

封面设计　陈益平

出版发行　同济大学出版社　　www.tongjipress.com.cn

（地址：上海市四平路 1239 号　邮编：200092　电话：021-65985622）

经　　销　全国各地新华书店

印　　刷　浦江求真印务有限公司

开　　本　787mm × 1092mm　1/16

印　　张　7.25

字　　数　181 000

版　　次　2020 年 6 月第 1 版　　2021 年 11 月第 2 次印刷

书　　号　ISBN 978-7-5608-9200-9

定　　价　56.00 元

上海市住房和城乡建设管理委员会文件

沪建标定〔2020〕36号

上海市住房和城乡建设管理委员会
关于批准《海绵城市建设技术标准图集》为
上海市建筑标准设计的通知

各有关单位：

由上海市政工程设计研究总院（集团）有限公司主编的《海绵城市建设技术标准图集》，经审核，现批准为上海市建筑标准设计，统一编号为 DBJT 08—128—2019，图集号为 2019 沪 L003、2019 沪 S701，自 2020 年 6 月 1 日起实施。

本标准设计由上海市住房和城乡建设管理委员会负责管理，上海市政工程设计研究总院（集团）有限公司负责解释。

特此通知。

上海市住房和城乡建设管理委员会

二〇二〇年一月十七日

海绵城市建设技术标准图集		主编单位负责人	
批准部门 上海市住房和城乡建设管理委员会	批准文号 沪建标定[2020]36号	主编单位技术负责人	
主编单位 上海市政工程设计研究总院（集团）有限公司	统一编号 DBJT 08-128-2019	技术审定人	
实施日期 2020年6月1日	图 集 号 2019沪L003 2019沪S701	设计负责人	

总 目 录

总　说　明

一、编制说明

本图集根据上海市住房和城乡建设管理委员会《关于印发〈2016年上海市建筑标准设计编制计划〉的通知》（沪建管〔2015〕873号）的要求编制。本图集应与现行上海市工程建设规范《海绵城市建设技术标准》DG/TJ 08-2298联用。

二、图集内容

本图集由总说明、建筑与小区系统、绿地系统、道路与广场系统、水务系统、通用设施和附页组成。

三、编制依据

《海绵城市建设技术指南——低影响开发雨水系统构建》（试行）

《室外排水设计规范》	GB 50014
《海绵型建筑与小区雨水控制及利用》	17S705
《室外工程》	12J003
《环境景观——滨水工程》	10J012-4
《海绵城市建设技术标准》	DG/TJ 08-2298

各系统编制依据详见各系统说明。

四、适用范围

本图集适用于上海市符合海绵城市建设理念的新建、改建或扩建的建筑与小区、绿地、道路与广场、水务系统的海绵城市建设工程，供设计选用。

五、海绵城市建设系统构成与技术类型

1.海绵城市建设的系统构成

海绵城市建设应统筹源头减排、过程控制和系统治理，有效控制排入规划区域外的径流总量、径流污染和径流峰值。

源头减排是通过对雨水的渗透、储存、调节、转输和截污净化等途径，控制雨水进入雨水管渠系统的总量和污染负荷，削减峰值流量。过程控制是通过增设雨水调蓄设施或者优化排水管网的运行，蓄排结合，提高原有市政排水系统的排水能力和对污染的截流输送能力，应与源头减排共同组织径流雨水的收集、转输和排放。系统治理则是以海绵城市建设在水生态、水环境、水安全和水资源等方面需求和目标为导向，在源头减排和过程控制的基础上，需要进一步采取的措施，在水安全方面包括排涝除险系统，即行泄通道、多功能调蓄等措施；在水环境方面包括污水处理厂、河湖水体生态治理等措施。

2.海绵城市建设的技术类型

与建筑与小区、绿地、道路与广场相关的海绵城市建设系统主要包括源头减排和系统治理。

（1）源头减排技术类型

源头减排技术类型包括渗透、滞留、调蓄、净化、回用和排放，这些技术之间并没有明显的界限，一种源头减排设施一般具有两至三项功

能。上海市具有地下水位高、土地利用率高、不透水面积比例高和土壤入渗率低的特点。因此，建议在源头减排技术方面，以“滞、蓄、净”为主，以“渗、用”为辅，以“排”托底。

（2）系统治理技术类型

系统治理在水安全方面应通过调蓄和排放结合的方式，达到内涝防治设计重现期的要求。

六、注意事项

在径流污染或土壤污染严重区域，不应采用渗透设施，避免对地下水和周边水体造成污染。海绵设施应采取保障公众安全的防护措施，不得对建筑、绿地、道路的安全造成负面影响，并应根据需要设置警示标志。

七、图例说明

XXX代表设施名称，N代表该设施在本图集中的页码。

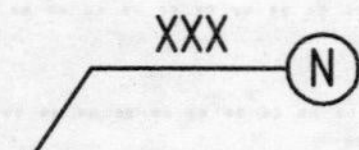
XXX
N

八、本图集将根据实际建设和管理需要，适时修订。

建筑与小区系统

批准部门 上海市住房和城乡建设管理委员会 批准文号 沪建标定[2020]36号

主编单位 华东建筑设计研究院有限公司 统一编号 DBJT 08-128-2019

实施日期 2020年6月1日 图 集 号 2019沪L003 2019沪S701

主编单位负责人

主编单位技术负责人

技术审定人

设计负责人

目 录

目录	图集号	2019沪L003 2019沪S701
	页	1

建筑与小区系统

批准部门 上海市住房和城乡建设管理委员会　　**批准文号** 沪建标定[2020]36号

主编单位 华东建筑设计研究院有限公司　　**统一编号** DBJT 08-128-2019

实施日期 2020年6月1日　　**图 集 号** 2019沪L003　2019沪S701

主编单位负责人

主编单位技术负责人

技术审定人

设计负责人

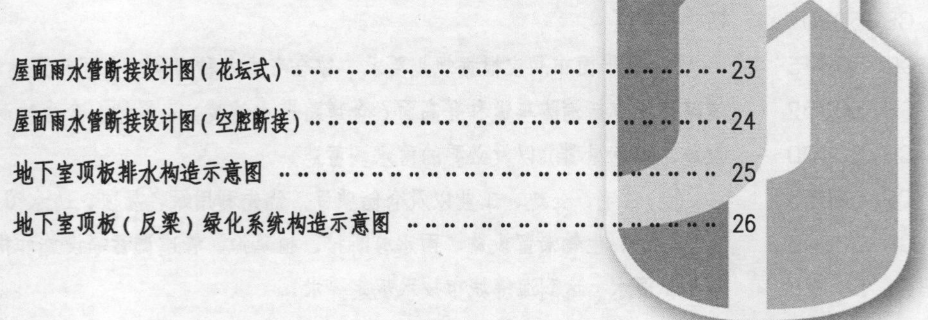

目录	图集号	2019沪L003 2019沪S701
	页	2

说　明

一、编制说明

建筑与小区系统图纸需与总说明、绿地系统、通用设施的图纸一并使用。

二、编制依据

《建筑结构荷载规范》	GB 50009
《地下工程防水技术规范》	GB 50108
《屋面工程质量验收规范》	GB 50207
《屋面工程技术规范》	GB 50345
《民用建筑设计通则》	GB 50352
《建筑与小区雨水利用及控制工程技术规范》	GB 50400
《民用建筑节水设计标准》	GB 50555
《坡屋面工程技术规范》	GB 50693
《绿色建筑评价标准》	GB/T 50378
《园林绿化工程施工及验收规范》	CJJ 82
《种植屋面工程技术规程》	JGJ 155
《屋顶绿化技术规范》	DB 31/T 493
《园林植物养护技术规程》	DBJ 08-19-91
《园林绿化植物栽植技术规程》	DG/TJ 08-18
《绿色建筑评价标准》	DG/TJ 8-2090
《住宅建筑绿色设计标准》	DG/TJ 08-2139
《公共建筑绿色设计标准》	DG/TJ 08-2143
《上海市城市规划管理技术规定》	
《上海市新建住宅环境绿化建设导则》	

三、适用范围

本图集适用于上海建成区或规划区范围内的建筑与小区，包括住宅、公建、工业及仓储等用地性质区域。

四、技术要求

(1)总平面布局应根据规划要求，综合考虑各种因素，合理布置建筑、道路广场包括消防车道和登高面（含道路透水铺装）、绿地（含生物滞留设施、绿色屋顶）以及必要的雨水调蓄池。

(2)住宅、公建、工业以及仓储项目，优先利用绿色屋顶、透水铺装、低洼地形、生物滞留设施、雨水管断接、植草沟、管道调蓄等设施和措施滞蓄雨水，达到海绵城市技术规定要求。

(3)硬化面积超过1hm^{2}的新建建筑与小区应设置雨水调蓄设施，雨水调蓄设施按照每公顷硬化面积不低于250m^{3}的规模进行设置。

(4)海绵城市竖向设计应按照场地标高确定绿地标高，小区道路（立缘石标高）宜高于绿地标高100mm以上；场地有坡道时，绿地应结合坡度等高线，分块设计确定不同的标高。在绿地内设雨水排水，雨水口的标高宜高于绿化地面标高50mm，大面积绿地或地下室顶板上的绿化宜考虑设置排水盲沟。小区内部道路宜适当高于周边道路；建筑的±0.000标高应高于小区内部道路标高，高度宜为450mm~600mm。

(5)计算方法：

①绿地率计算方法

绿地率＝绿地面积/用地总面积

②集中绿地率计算方法

集中绿地率＝集中绿地面积/用地总面积

③透水铺装率计算方法

透水铺装率 ＝透水铺装面积/公共地面停车场、人行道、步行街、自行车道和休闲广场、室外庭院等铺装面积（含透水铺装面积）

④下凹式绿地率计算方法

下凹式绿地率 ＝下凹式绿地面积/绿地总面积

⑤绿色屋顶率计算方法

绿色屋顶率 ＝绿色屋顶面积/宜建造绿色屋顶总面积

⑥硬化面积计算方法

硬化面积 ＝建设用地面积 － 绿地面积（包括实现绿化的屋顶）－ 透水铺装用地面积

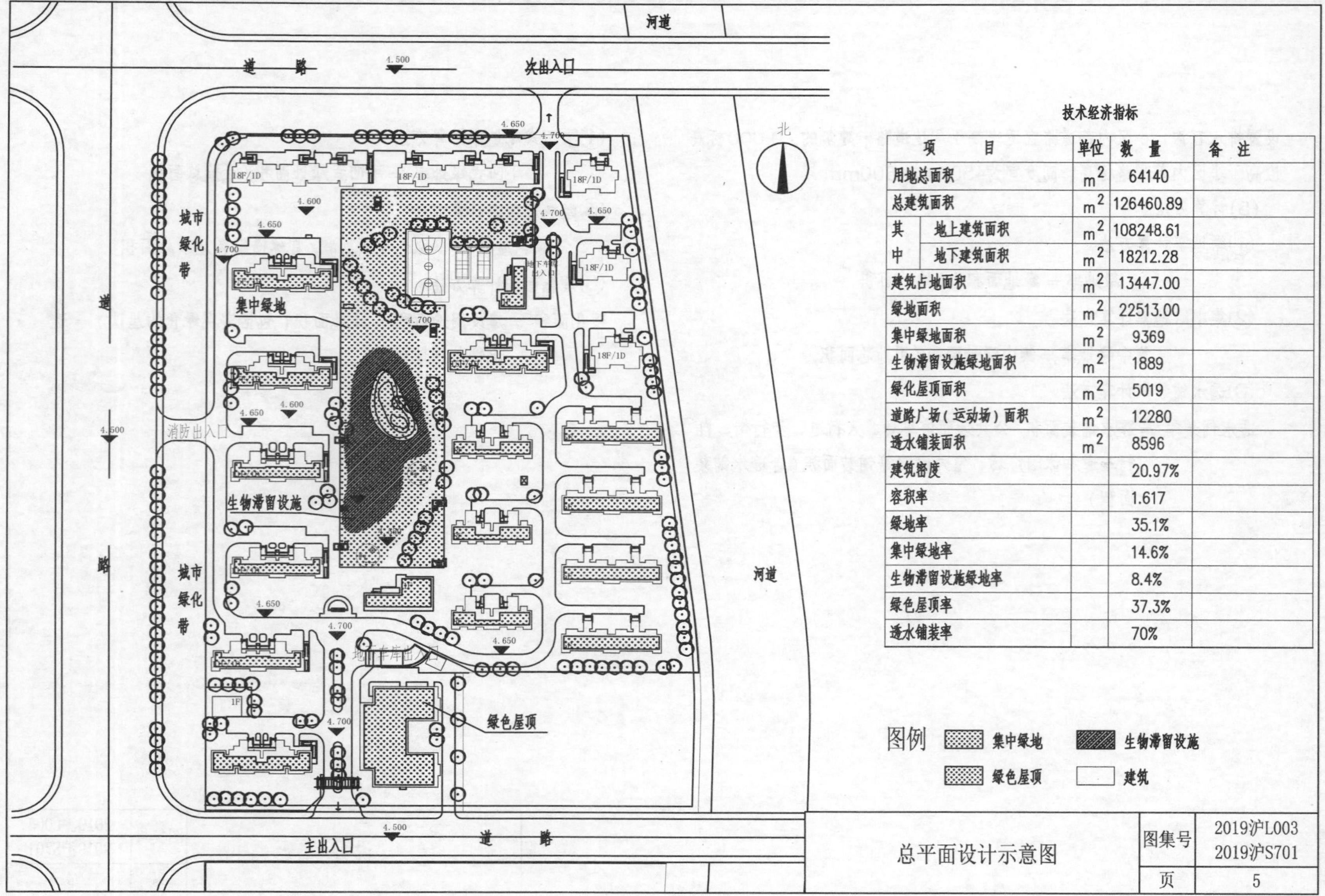
河道
道　路
4.500
次出入口
4.650
4.700
18F/1D
4.600
4.650
4.700
城市
绿化
带
道
集中绿地
地下车库出入口
生物滞留设施
4.500
消防出入口
城市
绿化
带
路
河道
地下车库出入口
1F
绿色屋顶
主出入口
道　路
北
图例
集中绿地
生物滞留设施
绿色屋顶
建筑

技术经济指标

项　　目		单位	数　量	备　注
用地总面积		m^2	64140	
总建筑面积		m^2	126460.89	
其中	地上建筑面积	m^2	108248.61	
	地下建筑面积	m^2	18212.28	
建筑占地面积		m^2	13447.00	
绿地面积		m^2	22513.00	
集中绿地面积		m^2	9369	
生物滞留设施绿地面积		m^2	1889	
绿化屋顶面积		m^2	5019	
道路广场（运动场）面积		m^2	12280	
透水铺装面积		m^2	8596	
建筑密度			20.97%	
容积率			1.617	
绿地率			35.1%	
集中绿地率			14.6%	
生物滞留设施绿地率			8.4%	
绿色屋顶率			37.3%	
透水铺装率			70%	

总平面设计示意图	图集号	2019沪L003 2019沪S701
	页	5

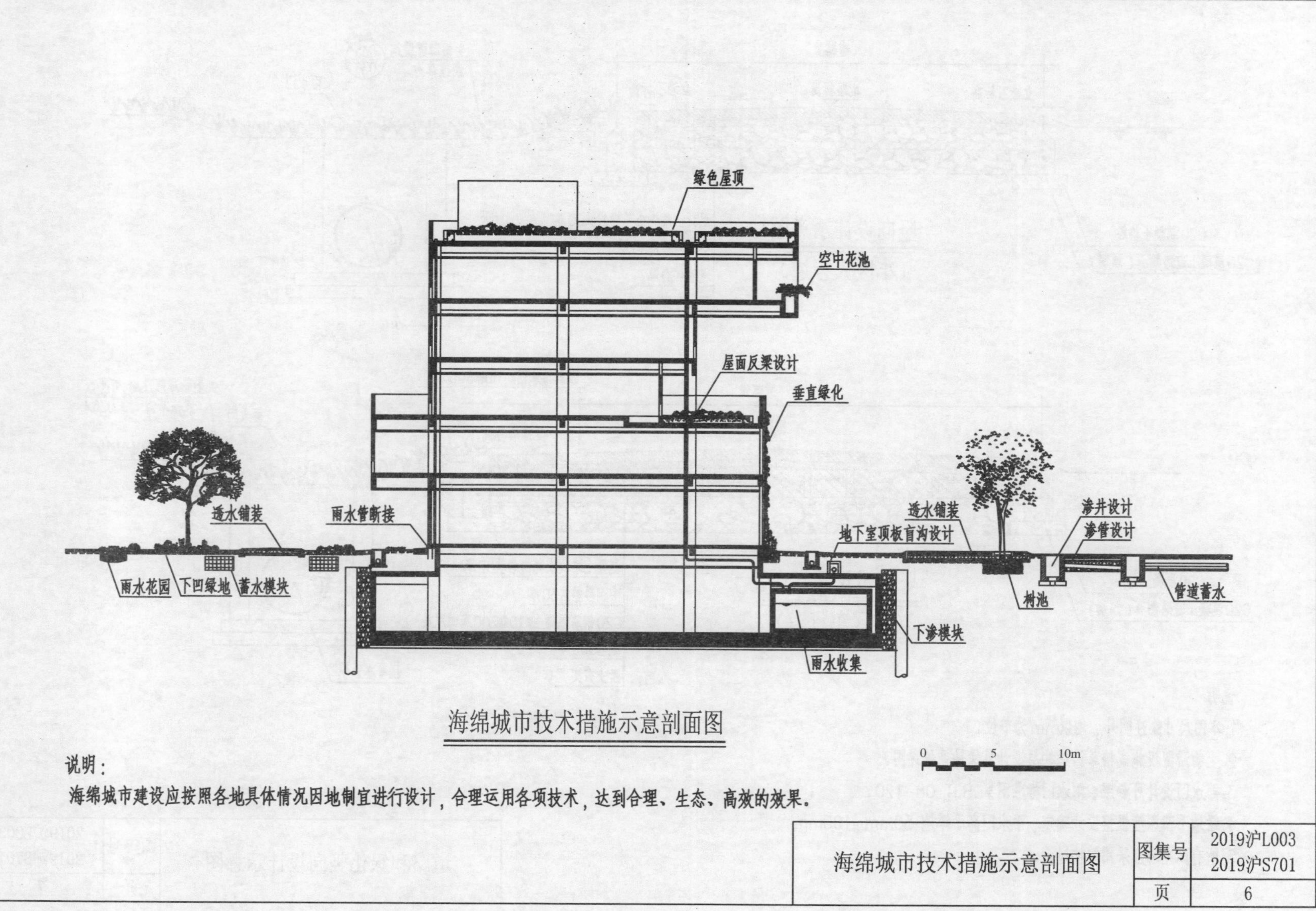
绿色屋顶
空中花池
屋面反梁设计
垂直绿化
透水铺装
雨水管断接
透水铺装
渗井设计
渗管设计
地下室顶板盲沟设计
雨水花园
下凹绿地
蓄水模块
树池
管道蓄水
下渗模块
雨水收集
0
5
10m

海绵城市技术措施示意剖面图

说明：

海绵城市建设应按照各地具体情况因地制宜进行设计，合理运用各项技术，达到合理、生态、高效的效果。

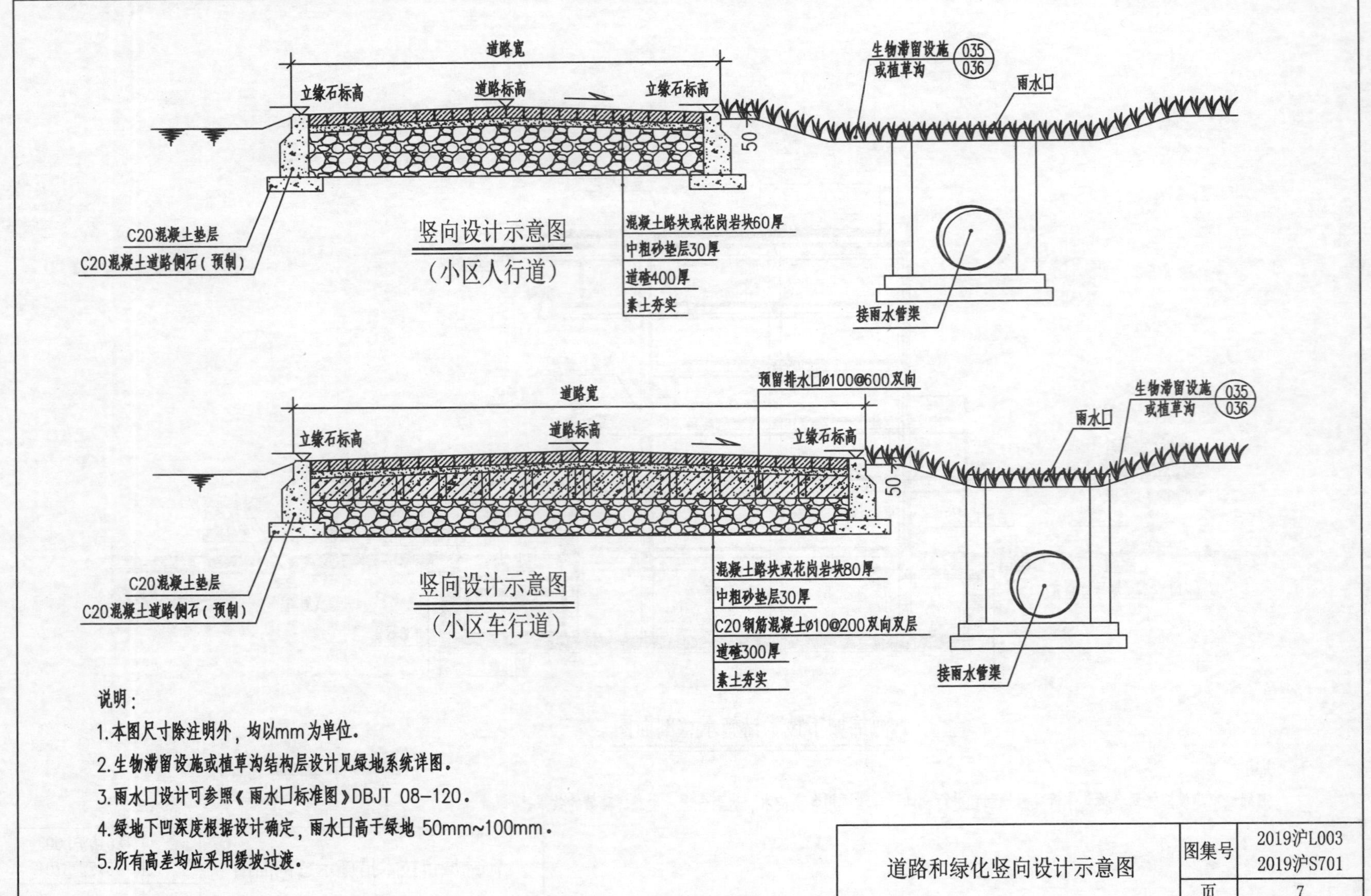
道路宽
立缘石标高
道路标高
立缘石标高
生物滞留设施
或植草沟
035
036
雨水口
50
C20混凝土垫层
C20混凝土道路侧石（预制）
竖向设计示意图
（小区人行道）
混凝土路块或花岗岩块60厚
中粗砂垫层30厚
道碴400厚
素土夯实
接雨水管渠
预留排水口ø100@600双向
道路宽
立缘石标高
道路标高
立缘石标高
雨水口
生物滞留设施
或植草沟
035
036
50
C20混凝土垫层
C20混凝土道路侧石（预制）
竖向设计示意图
（小区车行道）
混凝土路块或花岗岩块80厚
中粗砂垫层30厚
C20钢筋混凝土ø10@200双向双层
道碴300厚
素土夯实
接雨水管渠
说明：
1.本图尺寸除注明外，均以mm为单位。
2.生物滞留设施或植草沟结构层设计见绿地系统详图。
3.雨水口设计可参照《雨水口标准图》DBJT 08-120。
4.绿地下凹深度根据设计确定，雨水口高于绿地 50mm~100mm。
5.所有高差均应采用缓坡过渡。
道路和绿化竖向设计示意图
图集号
2019沪L003
2019沪S701
页
7

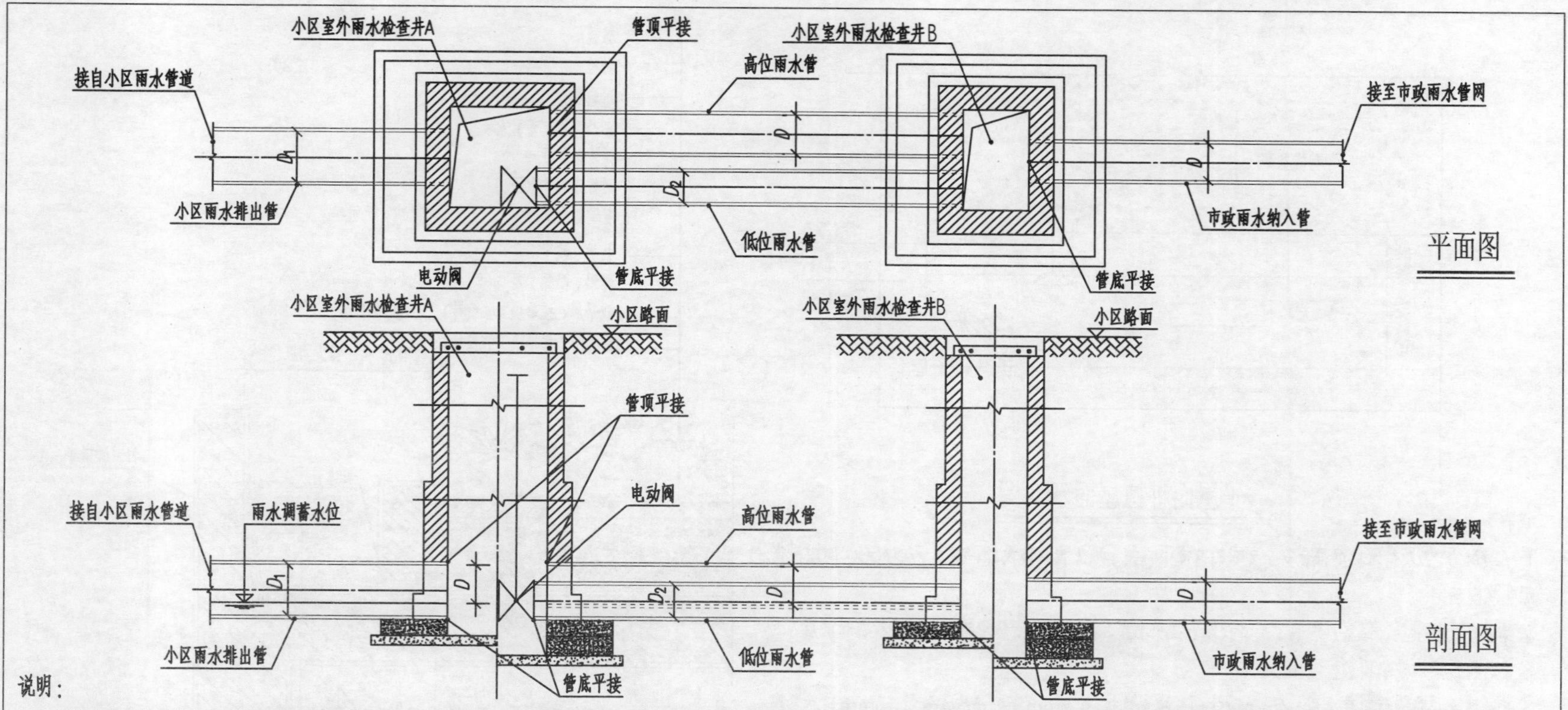

小区室外雨水检查井A
管顶平接
小区室外雨水检查井B
高位雨水管
接自小区雨水管道
接至市政雨水管网
D
D1
D
D2
小区雨水排出管
市政雨水纳入管
低位雨水管
平面图
电动阀
管底平接
管底平接
小区室外雨水检查井A
小区路面
小区室外雨水检查井B
小区路面
管顶平接
电动阀
接自小区雨水管道
雨水调蓄水位
高位雨水管
接至市政雨水管网
D1
D
D2
D
D
小区雨水排出管
低位雨水管
剖面图
市政雨水纳入管
管底平接
管底平接

说明：

1.室外排水采用放大管径，增加雨水滞蓄调节能力时，应根据设计重现期和规范要求计算确定建筑室外雨水排水系统的设计管径，在设计管径基础上以蓄水要求放大系统的设计管径，并以自清流速进行校核。

2.小区雨水系统与市政雨水系统连接的检查井和管段应符合以下要求：

（1）小区雨水系统末端（小区雨水排出管）为设计放大管径（D_1），排放至市政雨水管道的管径应按设计管径（D）确定，$D_1>D$。

（2）雨水检查井A下游设置高位雨水管与低位雨水管，高位雨水管按设计重现期设计流量，确定设计管径（D）。

（3）低位雨水管是用于管道调蓄容量的排水管，起始端应设置电动闸阀，阀门应安装在雨水检查井A内方便维护的位置，根据计算确定管径（D_2），平时阀门常闭，降雨停止后开启阀门将积水排空，排空时间应小于12h，排空后应及时关闭阀门。

（4）雨水检查井A内，小区排出管与高位雨水管按照管顶平接的方式连接，与低位雨水管按照管底平接的方式连接。

（5）雨水检查井B内，市政雨水纳入管与低位雨水管按照管底平接的方式连接。

（6）雨水检查井及管道的施工做法参照《上海市排水管道通用图（第一册）》PASR-D-01-92。

小区雨水管道调蓄示意图	图集号	2019沪L003 2019沪S701
	页	8

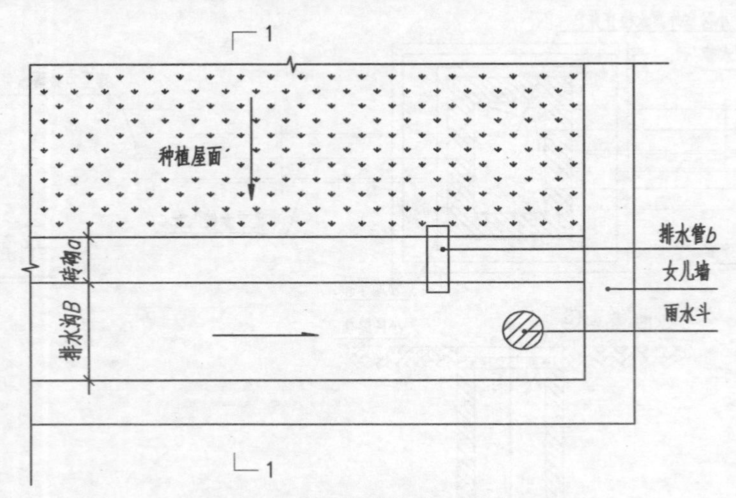

1
种植屋面
砖砌a
排水沟B
排水管b
女儿墙
雨水斗
1

平屋面种植屋面示意图

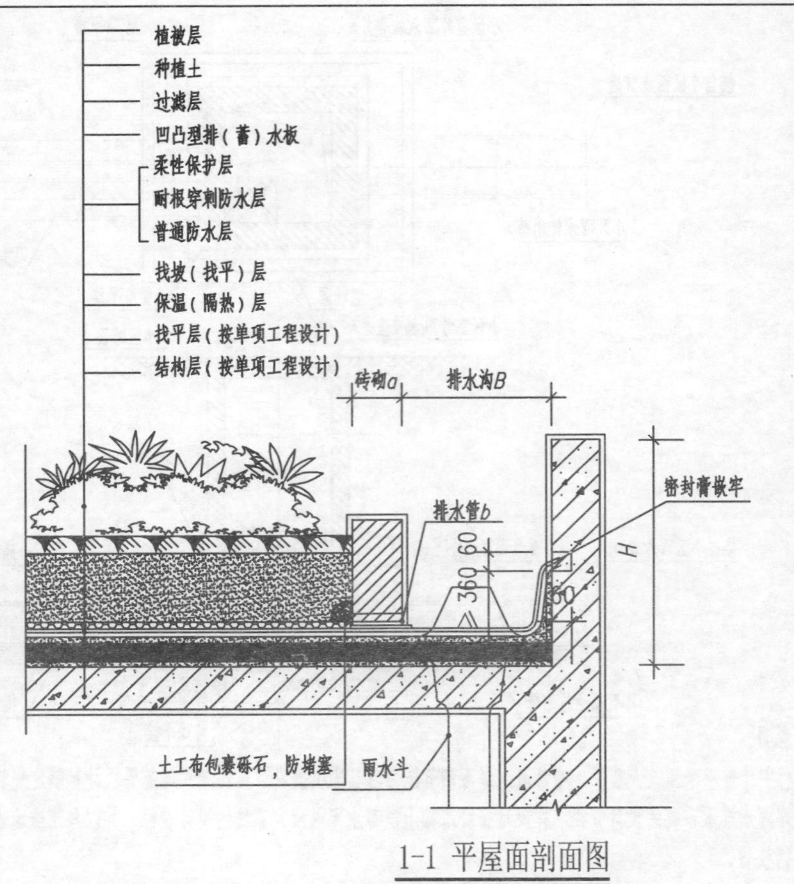

植被层
种植土
过滤层
凹凸型排（蓄）水板
柔性保护层
耐根穿刺防水层
普通防水层
找坡（找平）层
保温（隔热）层
找平层（按单项工程设计）
结构层（按单项工程设计）
砖砌a
排水沟B
密封膏嵌牢
排水管b
60
360
60
H
土工布包裹砾石，防堵塞
雨水斗

1-1 平屋面剖面图

说明：

1.H、B、a、b及排水坡度符合安全要求的前提下，按单项工程具体设计。排水管$b>\phi50$，间距根据绿化规模确定。

2.结构层、找平层、保温（隔热）层、找坡（找平）层、防水层、凹凸型排（蓄）水板、过滤层、种植土、植被层均按单项工程设计。

3.普通防水层防水材料宜选用：4mm改性沥青防水卷材、1.5mm高分子防水卷材、3mm自粘聚酯胎改性沥青防水卷材、2mm合成高分子防水涂料。

4.耐根穿刺防水层宜选用：复合铜胎基SBS改性沥青防水卷材、铜胎SBS改性沥青防水卷材、SBS改性沥青耐根穿刺防水卷材、APP改性沥青耐根穿刺防水卷材等。

5.排（蓄）水板应结合具体工程的不同情况合理放置。

6.宜种植生长高度不超过500mm的植物。

7.按种植屋面考虑屋面结构荷载、结构抗震等级、抗震设防措施、风荷载等，由结构单体进行设计。

8.排水管直径应大于50mm。

9.基质深度应根据植物需求、屋顶荷载及构造确定。

种植屋面示意图 （新建平屋面）	图集号	2019沪L003 2019沪S701
	页	9

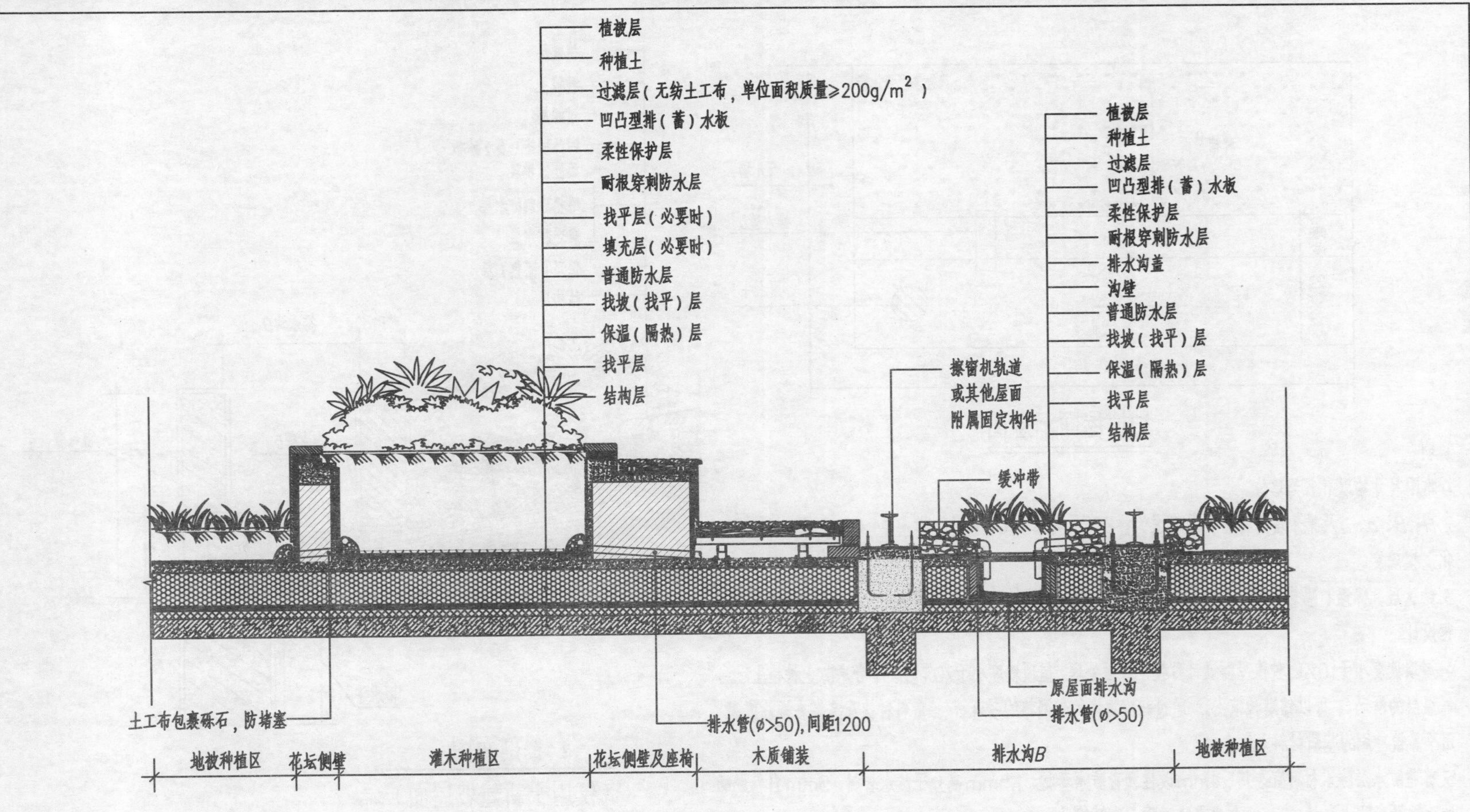
植被层
种植土
过滤层（无纺土工布，单位面积质量≥200g/m²）
凹凸型排（蓄）水板
柔性保护层
耐根穿刺防水层
找平层（必要时）
填充层（必要时）
普通防水层
找坡（找平）层
保温（隔热）层
找平层
结构层
植被层
种植土
过滤层
凹凸型排（蓄）水板
柔性保护层
耐根穿刺防水层
排水沟盖
沟壁
普通防水层
找坡（找平）层
保温（隔热）层
找平层
结构层
擦窗机轨道
或其他屋面
附属固定构件
缓冲带
土工布包裹砾石，防堵塞
排水管(ø>50),间距1200
原屋面排水沟
排水管(ø>50)
地被种植区
花坛侧壁
灌木种植区
花坛侧壁及座椅
木质铺装
排水沟B
地被种植区

说明：

1.本图尺寸除注明外，均以mm为单位。

2.本做法适用于上海市新建建筑屋面种植、既有建筑屋面改造种植、坡屋面种植和地下室顶板以上的种植。

3.种植屋面设计应包括计算屋面结构荷载、设计屋面构造系统、设计屋面排水系统、选择耐根穿刺防水材料和普通防水材料，确定保温隔热方式，选择保温隔热材料，选择种植土类型和植物种类，制定配置方案，绘制细部构造图等。具体可参照《屋顶绿化技术规范》DB31/T 493与《种植屋面工程技术规程》JGJ 155及相关技术规范进行选择。

平屋面绿化系统构造示意图	图集号	2019沪L003 2019沪S701
	页	10

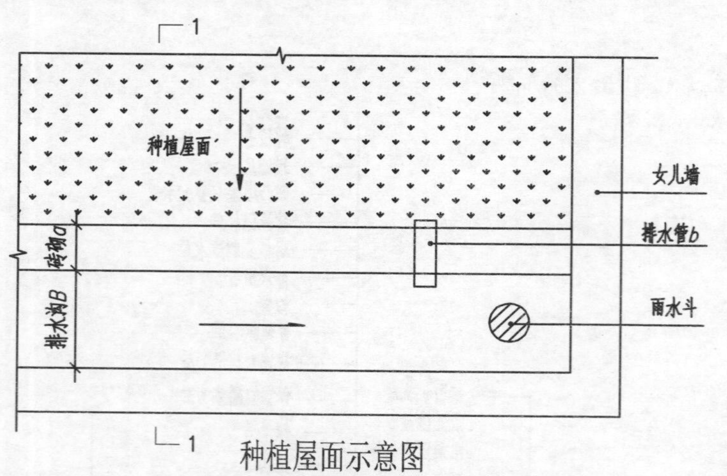

1
种植屋面
女儿墙
砖砌a
排水管b
排水沟B
雨水斗
1

种植屋面示意图

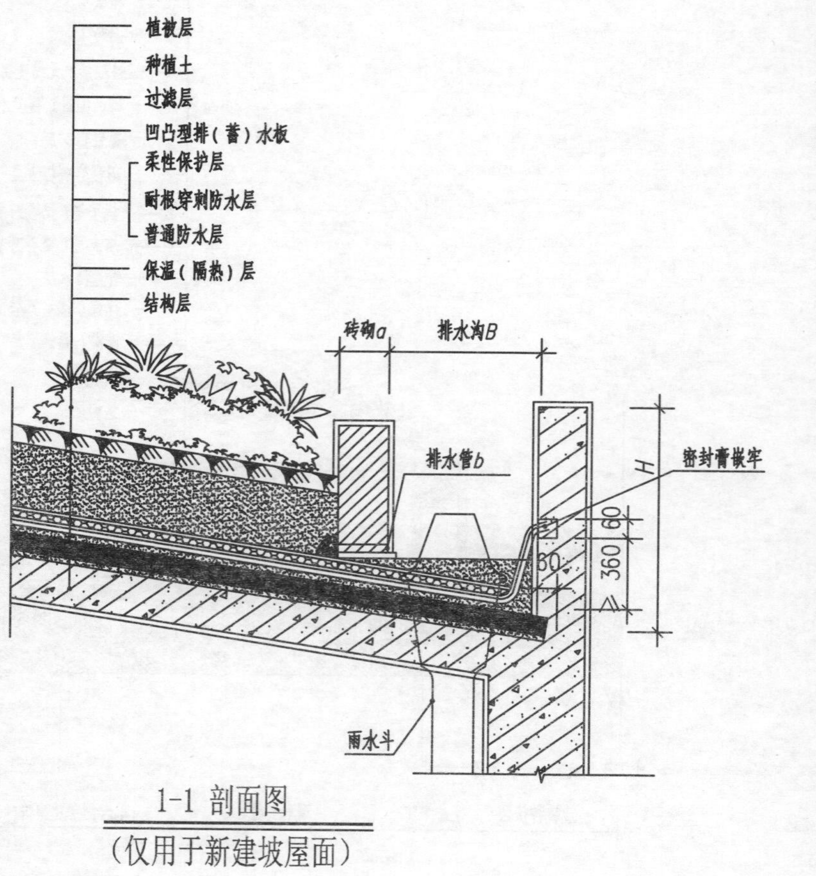

植被层
种植土
过滤层
凹凸型排（蓄）水板
柔性保护层
耐根穿刺防水层
普通防水层
保温（隔热）层
结构层
砖砌a
排水沟B
排水管b
密封膏嵌牢
H
60
60
360
60
雨水斗

1-1 剖面图
（仅用于新建坡屋面）

说明：

1. 本图尺寸均以mm为单位。
2. H、B、a、b及排水坡度符合安全要求的前提下，按单项工程设计。排水管b>ø50，间距根据绿化规模确定。
3. 结构层、保温（隔热）层、防水层、凹凸型排（蓄）水板、过滤层、种植土、植被层均按单项工程设计。
4. 屋顶坡度小于10%的种植屋面设计可按平屋面处理；屋顶坡度小于20%时，不考虑防止种植土、保温层的滑动，可以铺满种植土，通过相应规格的带网格的砂砾板、塑料种植瓦等嵌套排放或采用不易被冲刷的基质材料来解决。
5. 普通防水层防水材料宜选用：4mm改性沥青防水卷材、1.5mm高分子防水卷材、3mm自粘聚酯胎改性沥青防水卷材、2mm合成高分子防水涂料等。
6. 耐根穿刺防水层宜选用：复合铜胎基SBS改性沥青防水卷材、铜胎SBS改性沥青防水卷材、SBS改性沥青耐根穿刺防水卷材、APP改性沥青耐根穿刺防水卷材等。
7. 排（蓄）水板应结合具体工程的不同情况合理放置。
8. 宜种植生长高度不超过500mm的植物。
9. 基质深度应根据植物需求、屋顶荷载及构造确定。

种植屋面示意图（新建坡屋面）	图集号	2019沪L003 2019沪S701
	页	11

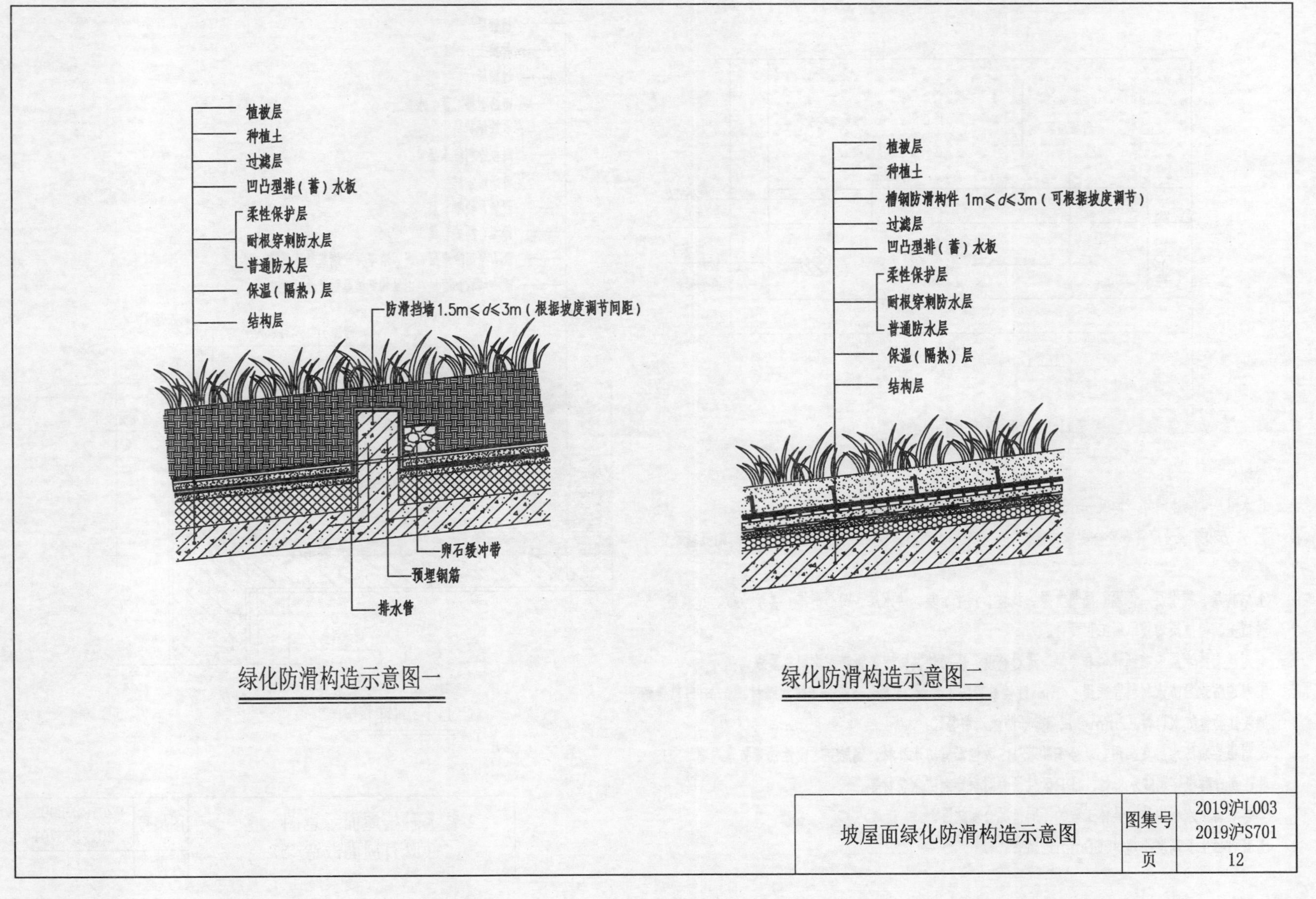
植被层
种植土
过滤层
凹凸型排（蓄）水板
柔性保护层
耐根穿刺防水层
普通防水层
保温（隔热）层
结构层
防滑挡墙 1.5m≤d≤3m（根据坡度调节间距）
卵石缓冲带
预埋钢筋
排水管
绿化防滑构造示意图一
植被层
种植土
槽钢防滑构件 1m≤d≤3m（可根据坡度调节）
过滤层
凹凸型排（蓄）水板
柔性保护层
耐根穿刺防水层
普通防水层
保温（隔热）层
结构层
绿化防滑构造示意图二

坡屋面绿化防滑构造示意图	图集号	2019沪L003 2019沪S701
	页	12

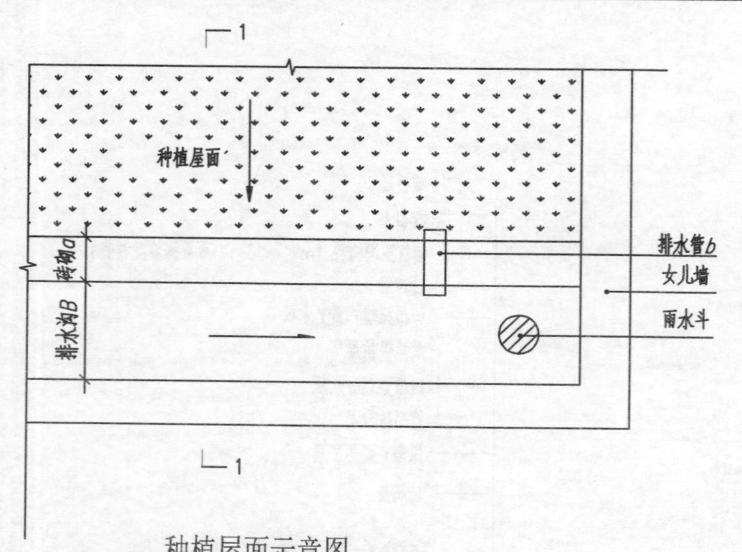
1
种植屋面
砖砌a
排水沟B
排水管b
女儿墙
雨水斗
1

种植屋面示意图

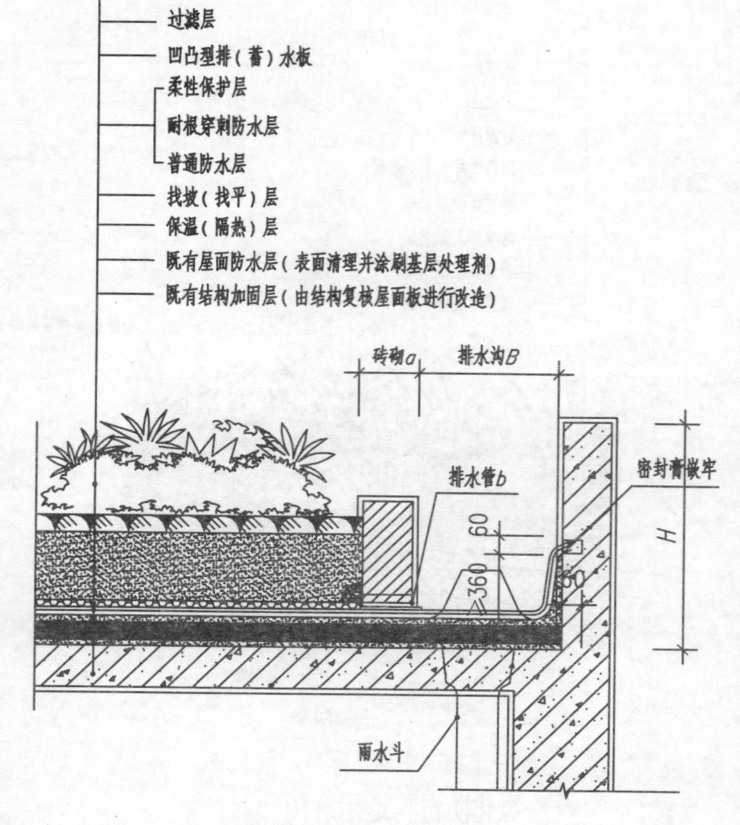
植被层
种植土
过滤层
凹凸型排（蓄）水板
柔性保护层
耐根穿刺防水层
普通防水层
找坡（找平）层
保温（隔热）层
既有屋面防水层（表面清理并涂刷基层处理剂）
既有结构加固层（由结构复核屋面板进行改造）
砖砌a
排水沟B
排水管b
密封膏嵌牢
60
≥360
60
H
雨水斗

1-1 剖面图

说明：

1.本图尺寸除注明外，均以mm为单位。

2.a、b和排水坡度符合安全要求的前提下，按单项工程具体设计。排水管$b>\phi 50$，间距根据绿化规模确定。

3.结构层、找平层、保温（隔热）层、找坡（找平）层、防水层、凹凸型排（蓄）水板、过滤层、种植土、植被层均按单项工程设计。

4.对既有防水层应重新评估和鉴定，通过整改，务必使其防水等级满足本图集要求。

5.普通防水层防水材料宜选用：4mm改性沥青防水卷材、1.5mm高分子防水卷材、3mm自粘聚酯胎改性沥青防水卷材、2mm合成高分子防水涂料等。

6.耐根穿刺防水层宜选用：复合铜胎基SBS改性沥青防水卷材、铜胎SBS改性沥青防水卷材、SBS改性沥青耐根穿刺防水卷材、APP改性沥青耐根穿刺防水卷材等。

7.排（蓄）水板应结合具体工程的不同情况合理放置。

8.宜种植生长高度不超过500mm的植物。

种植屋面示意图 （既有屋面改造一）	图集号	2019沪L003 2019沪S701
	页	13

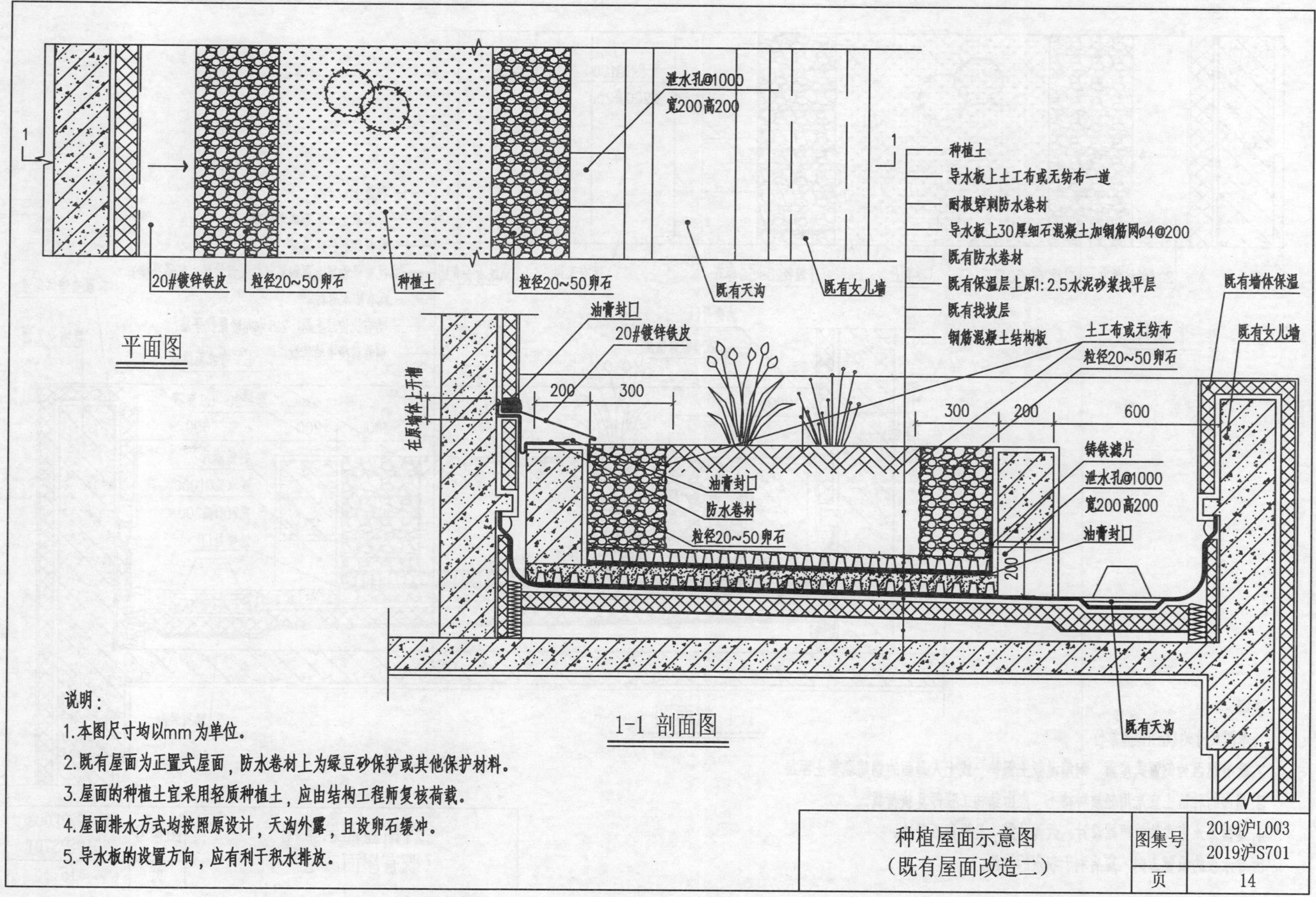
泄水孔@1000
宽200高200
1
1
20#镀锌铁皮
粒径20~50卵石
种植土
粒径20~50卵石
既有天沟
既有女儿墙
平面图
种植土
导水板上土工布或无纺布一道
耐根穿刺防水卷材
导水板上30厚细石混凝土加钢筋网ø4@200
既有防水卷材
既有保温层上原1:2.5水泥砂浆找平层
既有找坡层
钢筋混凝土结构板
既有墙体保温
既有女儿墙
油膏封口
20#镀锌铁皮
土工布或无纺布
粒径20~50卵石
在原墙体上开槽
200
300
300
200
600
铸铁滤片
泄水孔@1000
宽200高200
油膏封口
油膏封口
防水卷材
粒径20~50卵石
200
既有天沟
1-1 剖面图

说明：

1. 本图尺寸均以mm为单位。
2. 既有屋面为正置式屋面，防水卷材上为绿豆砂保护或其他保护材料。
3. 屋面的种植土宜采用轻质种植土，应由结构工程师复核荷载。
4. 屋面排水方式均按照原设计，天沟外露，且设卵石缓冲。
5. 导水板的设置方向，应有利于积水排放。

种植屋面示意图 （既有屋面改造二）	图集号	2019沪L003 2019沪S701
	页	14

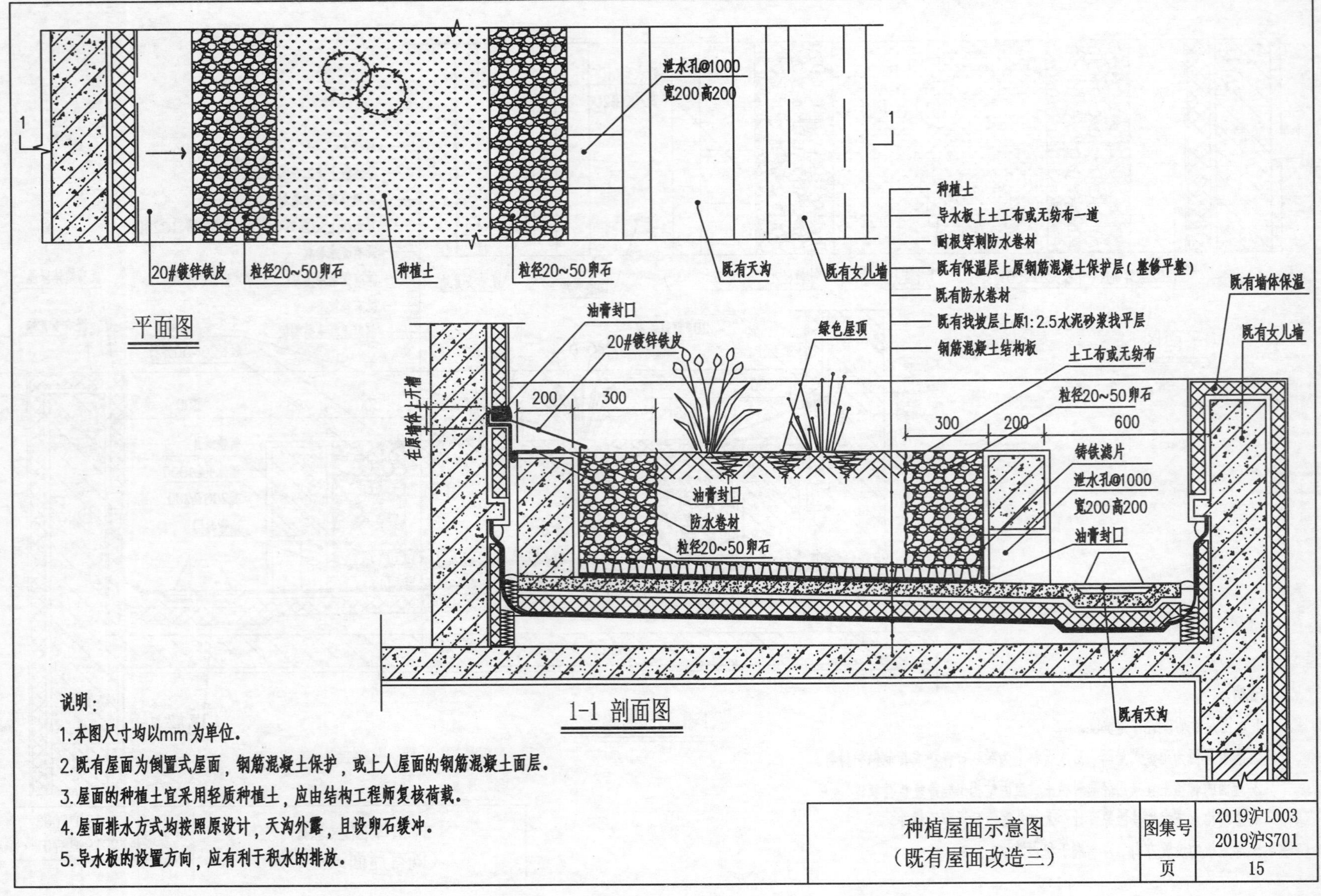

泄水孔@1000
宽200高200
1
1
20#镀锌铁皮
粒径20~50卵石
种植土
粒径20~50卵石
既有天沟
既有女儿墙
平面图
种植土
导水板上土工布或无纺布一道
耐根穿刺防水卷材
既有保温层上原钢筋混凝土保护层（整修平整）
既有防水卷材
既有找坡层上原1:2.5水泥砂浆找平层
钢筋混凝土结构板
既有墙体保温
既有女儿墙
油膏封口
20#镀锌铁皮
绿色屋顶
土工布或无纺布
粒径20~50卵石
在原墙体上开槽
200
300
300
200
600
铸铁滤片
泄水孔@1000
宽200高200
油膏封口
油膏封口
防水卷材
粒径20~50卵石
既有天沟
1-1 剖面图

说明：

1.本图尺寸均以mm为单位。

2.既有屋面为倒置式屋面，钢筋混凝土保护，或上人屋面的钢筋混凝土面层。

3.屋面的种植土宜采用轻质种植土，应由结构工程师复核荷载。

4.屋面排水方式均按照原设计，天沟外露，且设卵石缓冲。

5.导水板的设置方向，应有利于积水的排放。

种植屋面示意图 （既有屋面改造三）	图集号	2019沪L003 2019沪S701
	页	15

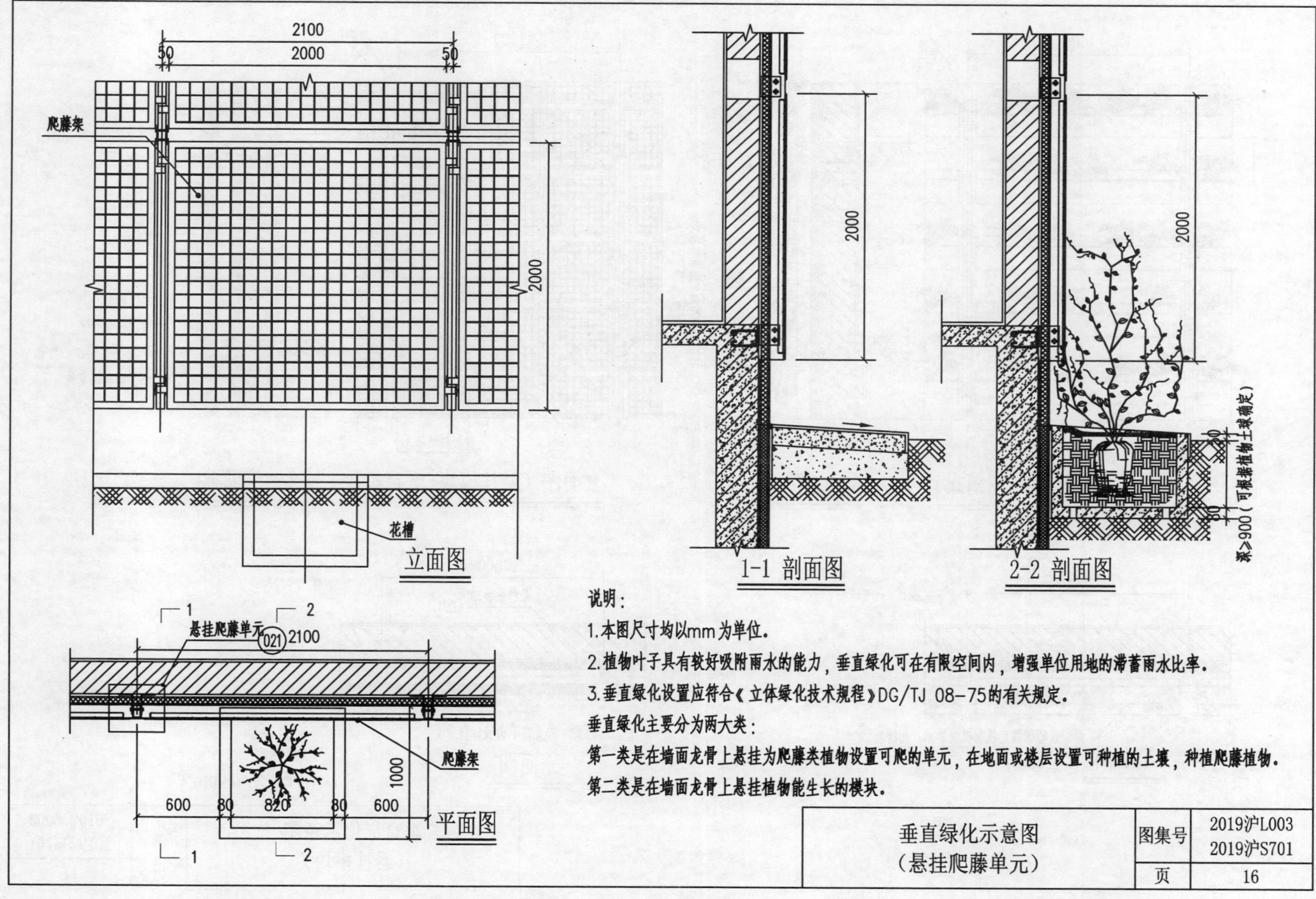
2100
2000
50
50
爬藤架
2000
花槽
立面图
2000
1-1 剖面图
2000
须≥900（可根据植物土球确定）
2-2 剖面图
1
2
悬挂爬藤单元
021
2100
爬藤架
1000
600
80
820
80
600
平面图
1
2

说明：

1. 本图尺寸均以mm为单位。
2. 植物叶子具有较好吸附雨水的能力，垂直绿化可在有限空间内，增强单位用地的滞蓄雨水比率。
3. 垂直绿化设置应符合《立体绿化技术规程》DG/TJ 08-75的有关规定。

垂直绿化主要分为两大类：

第一类是在墙面龙骨上悬挂为爬藤类植物设置可爬的单元，在地面或楼层设置可种植的土壤，种植爬藤植物。

第二类是在墙面龙骨上悬挂植物能生长的模块。

垂直绿化示意图 （悬挂爬藤单元）	图集号	2019沪L003 2019沪S701
	页	16

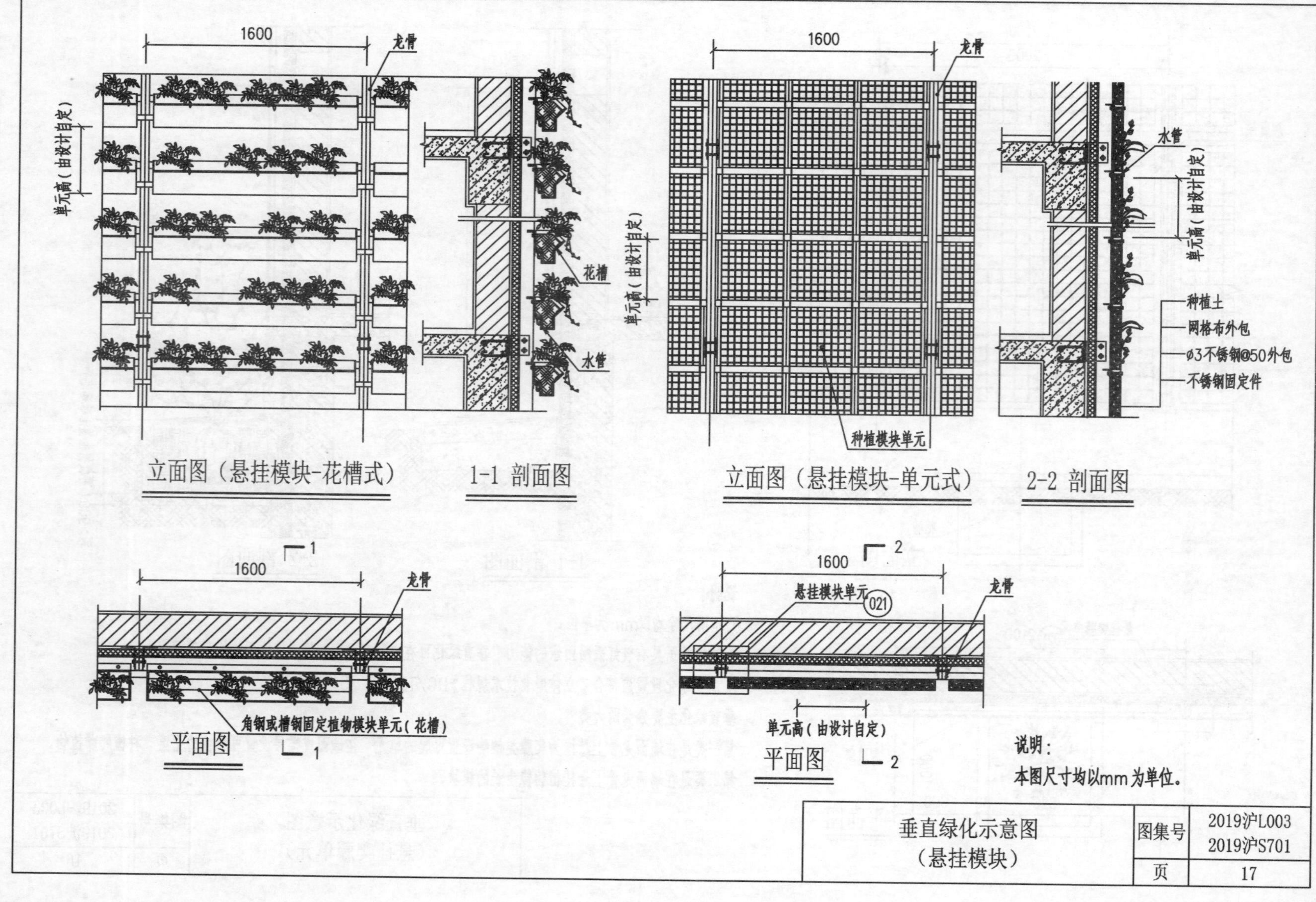
1600
龙骨
单元高（由设计自定）
花槽
水管
立面图（悬挂模块-花槽式）
1-1 剖面图
1600
龙骨
单元高（由设计自定）
种植模块单元
水管
单元高（由设计自定）
种植土
网格布外包
ø3不锈钢@50外包
不锈钢固定件
立面图（悬挂模块-单元式）
2-2 剖面图
1
1600
龙骨
角钢或槽钢固定植物模块单元（花槽）
平面图
1
2
1600
悬挂模块单元
021
龙骨
单元高（由设计自定）
平面图
2
说明：
本图尺寸均以mm为单位。

垂直绿化示意图（悬挂模块）	图集号	2019沪L003 2019沪S701
	页	17

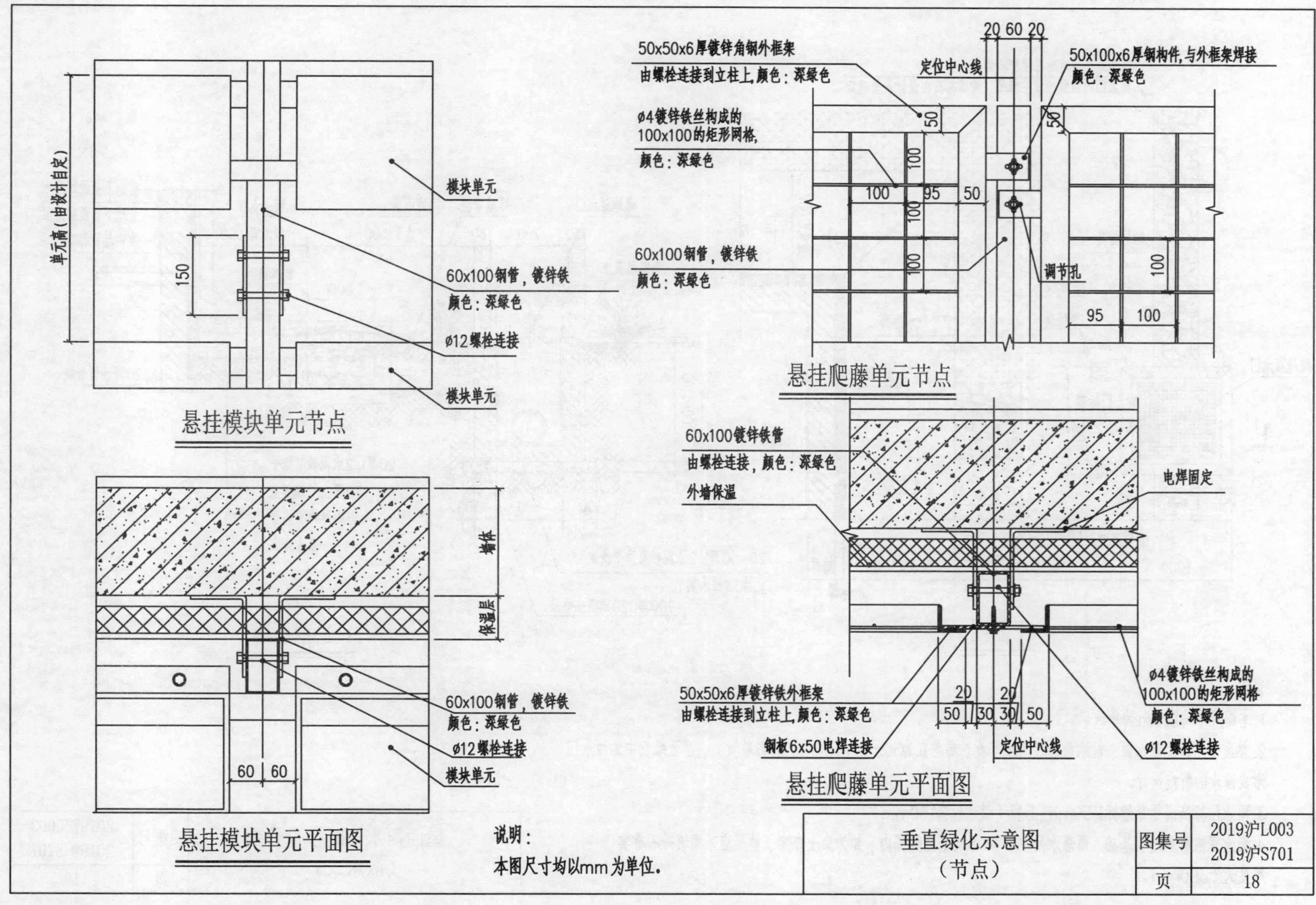

50x50x6厚镀锌角钢外框架
由螺栓连接到立柱上，颜色：深绿色
20 60 20
定位中心线
50x100x6厚钢构件，与外框架焊接
颜色：深绿色
ø4镀锌铁丝构成的
100x100的矩形网格，
颜色：深绿色
60x100钢管，镀锌铁
颜色：深绿色
调节孔
单元高（由设计自定）
150
模块单元
60x100钢管，镀锌铁
颜色：深绿色
ø12螺栓连接
模块单元
悬挂模块单元节点
悬挂爬藤单元节点
60x100镀锌铁管
由螺栓连接，颜色：深绿色
外墙保温
电焊固定
墙体
保温层
60x100钢管，镀锌铁
颜色：深绿色
ø12螺栓连接
模块单元
60 60
50x50x6厚镀锌铁外框架
由螺栓连接到立柱上，颜色：深绿色
钢板6x50电焊连接
定位中心线
ø4镀锌铁丝构成的
100x100的矩形网格
颜色：深绿色
ø12螺栓连接
悬挂模块单元平面图
悬挂爬藤单元平面图
说明：
本图尺寸均以mm为单位。
垂直绿化示意图
（节点）
图集号 2019沪L003
2019沪S701
页 18

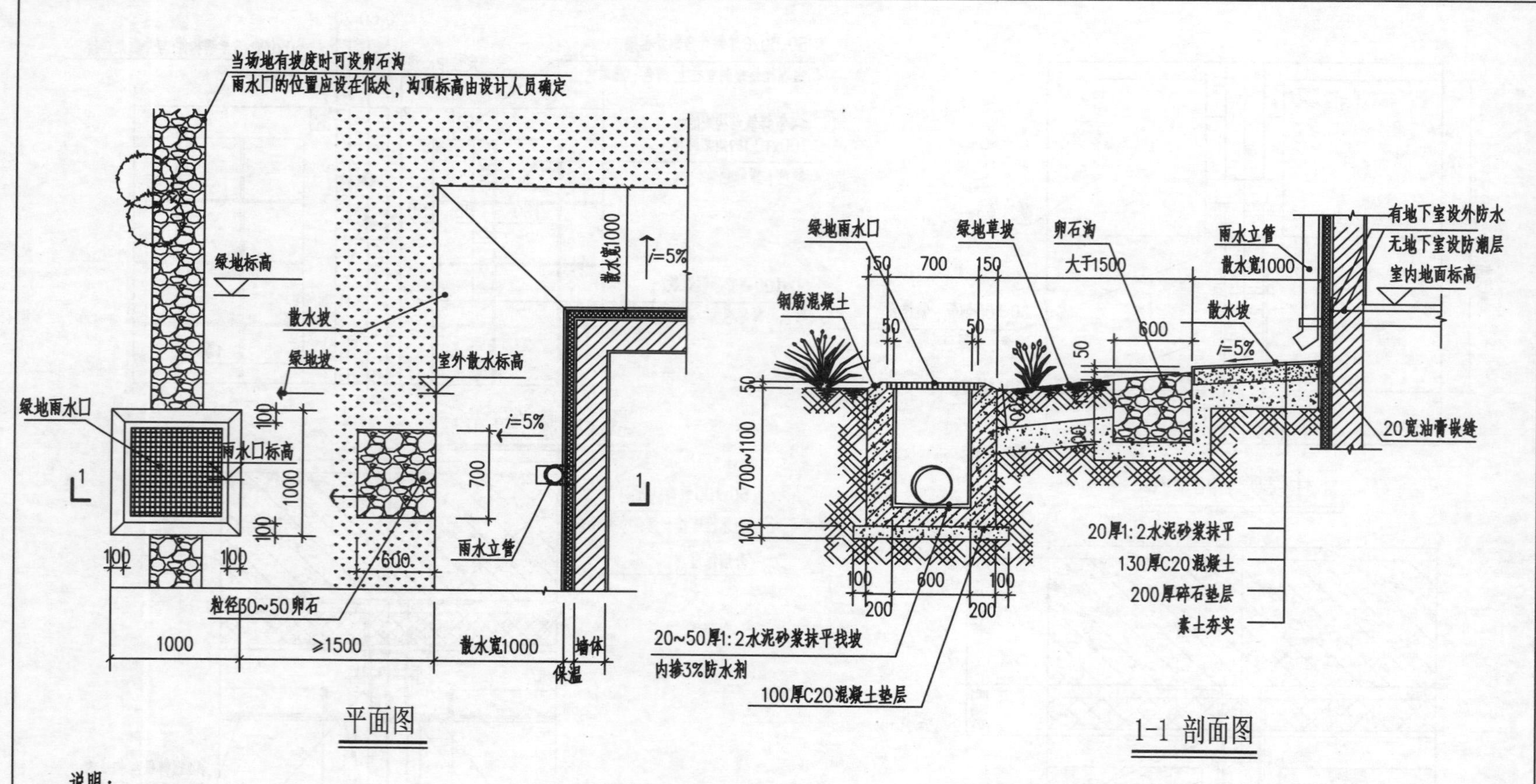
当场地有坡度时可设卵石沟
雨水口的位置应设在低处，沟顶标高由设计人员确定
绿地标高
散水坡
绿地坡
室外散水标高
绿地雨水口
雨水口标高
i=5%
散水宽1000
700
600
雨水立管
粒径30~50卵石
1000
≥1500
散水宽1000
墙体
保温
平面图
绿地雨水口
绿地草坡
卵石沟
大于1500
雨水立管
散水宽1000
有地下室设外防水
无地下室设防潮层
室内地面标高
钢筋混凝土
散水坡
20宽油膏嵌缝
700~1100
20厚1:2水泥砂浆抹平
130厚C20混凝土
200厚碎石垫层
素土夯实
20~50厚1:2水泥砂浆抹平找坡
内掺3%防水剂
100厚C20混凝土垫层
1-1 剖面图

说明：

1.本图尺寸均以mm为单位。

2.屋面雨水排至散水面，散水面通过绿地草坡（高差宜为50mm+150mm的斜草坡），排至绿化中的雨水口，形成雨水的断接设计。

3.雨水口标高高于绿地标高50mm，且低于散水标高150mm。

4.散水宽应覆盖建筑基础，雨落水处左右各1.5m基础范围内，如为素土夯实，垫层应采用填碎石夯实，厚度大于300mm。

屋面雨水管断接设计图 （散水式）	图集号	2019沪L003 2019沪S701
	页	19

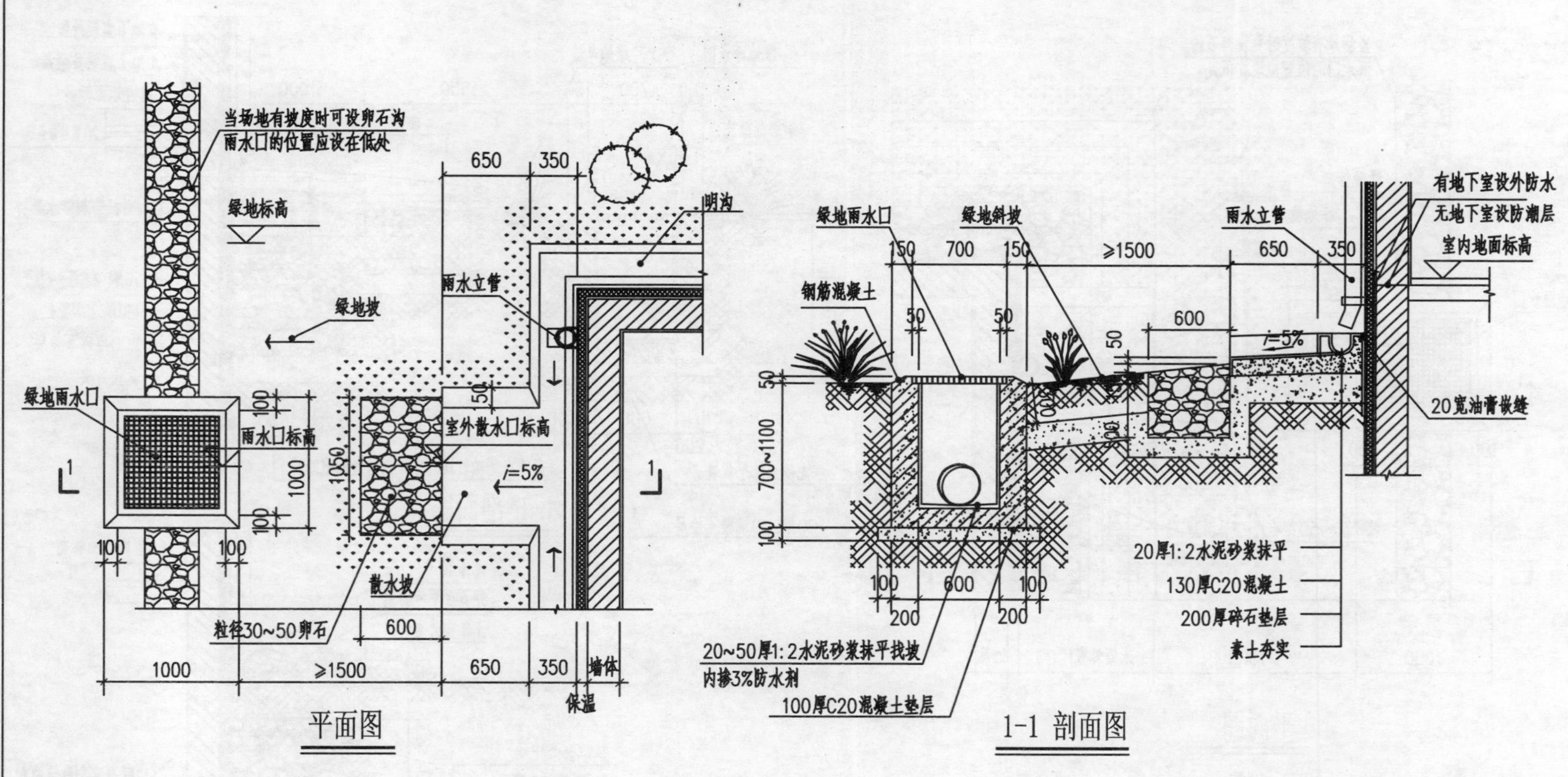
当场地有坡度时可设卵石沟
雨水口的位置应设在低处
绿地标高
650
350
明沟
雨水立管
绿地坡
绿地雨水口
雨水口标高
室外散水口标高
i=5%
散水坡
粒径30~50卵石
1000
≥1500
600
650
350
墙体
保温
平面图
绿地雨水口
绿地斜坡
钢筋混凝土
150
700
150
≥1500
650
350
雨水立管
有地下室设外防水
无地下室设防潮层
室内地面标高
600
i=5%
20宽油膏嵌缝
700~1100
20厚1:2水泥砂浆抹平
130厚C20混凝土
200厚碎石垫层
素土夯实
20~50厚1:2水泥砂浆抹平找坡
内掺3%防水剂
100厚C20混凝土垫层
1-1 剖面图

说明：

1.本图尺寸均以mm为单位。

2.屋面雨水排至明沟，并通过散水口排入绿地草坡（高差宜为50mm+150mm的斜草坡）的雨水口，形成雨水的断接设计。

3.雨水口标高高于绿地标高50mm，且低于散水标高150mm。

4.散水口处左右各1.5m基础范围内，如为素土夯实垫层，应采用填碎石夯实，厚度大于300mm。

屋面雨水管断接设计图（明沟+散水口式）	图集号	2019沪L003 2019沪S701
	页	20

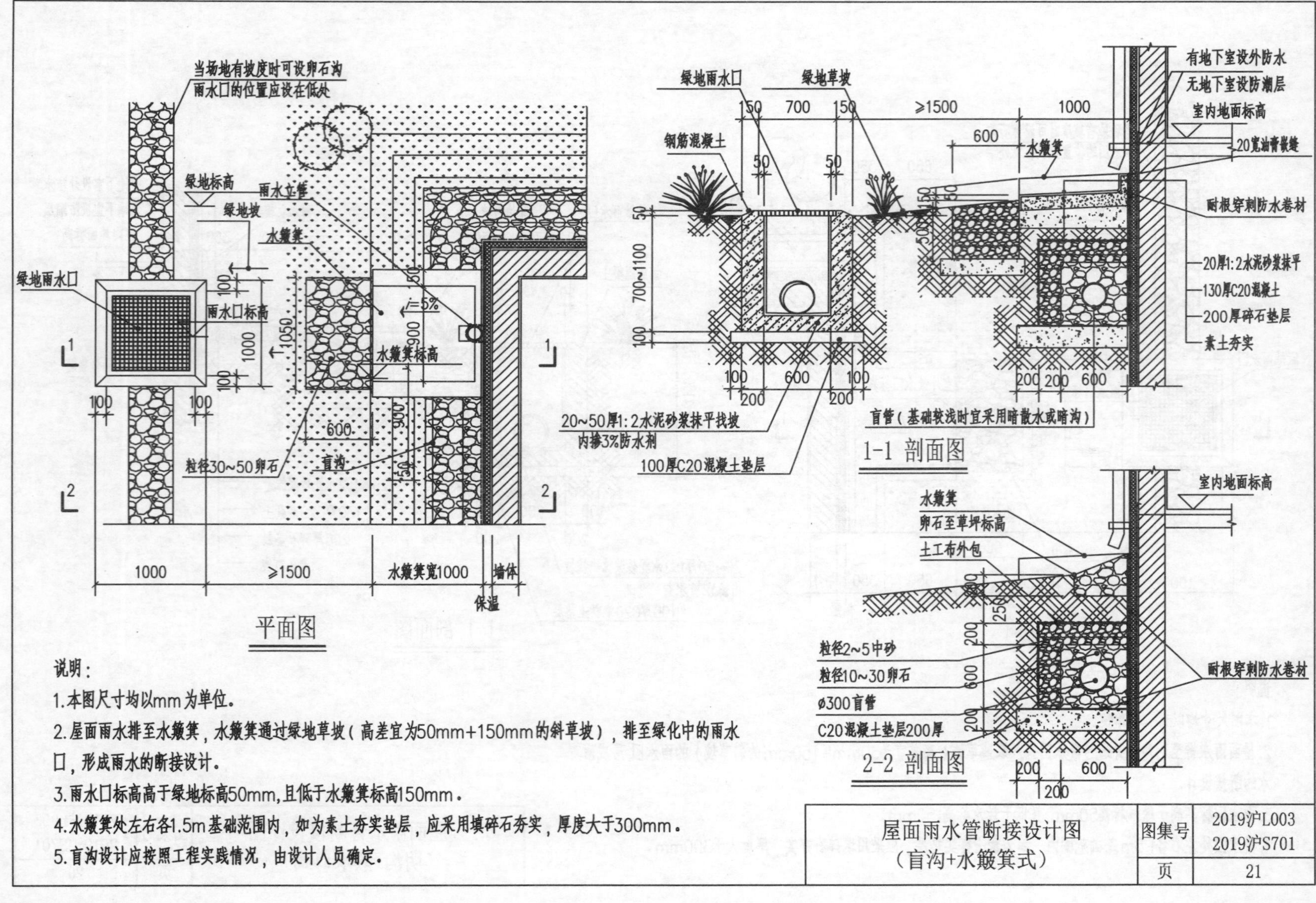
当场地有坡度时可设卵石沟
雨水口的位置应设在低处
绿地标高
雨水立管
绿地坡
水簸箕
绿地雨水口
雨水口标高
i=5%
水簸箕标高
盲沟
粒径30~50卵石
1000
≥1500
水簸箕宽1000
墙体
保温
平面图
绿地雨水口
绿地草坡
钢筋混凝土
150 700 150
≥1500
1000
600
水簸箕
有地下室设外防水
无地下室设防潮层
室内地面标高
20宽油膏嵌缝
耐根穿刺防水卷材
20厚1:2水泥砂浆抹平
130厚C20混凝土
200厚碎石垫层
素土夯实
20~50厚1:2水泥砂浆抹平找坡
内掺3%防水剂
100厚C20混凝土垫层
盲管（基础较浅时宜采用暗散水或暗沟）
1-1 剖面图
室内地面标高
水簸箕
卵石至草坪标高
土工布外包
粒径2~5中砂
粒径10~30卵石
ø300盲管
C20混凝土垫层200厚
耐根穿刺防水卷材
2-2 剖面图

说明：

1.本图尺寸均以mm为单位。

2.屋面雨水排至水簸箕，水簸箕通过绿地草坡（高差宜为50mm+150mm的斜草坡），排至绿化中的雨水口，形成雨水的断接设计。

3.雨水口标高高于绿地标高50mm，且低于水簸箕标高150mm。

4.水簸箕处左右各1.5m基础范围内，如为素土夯实垫层，应采用填碎石夯实，厚度大于300mm。

5.盲沟设计应按照工程实践情况，由设计人员确定。

屋面雨水管断接设计图（盲沟+水簸箕式）	图集号	2019沪L003 2019沪S701
	页	21

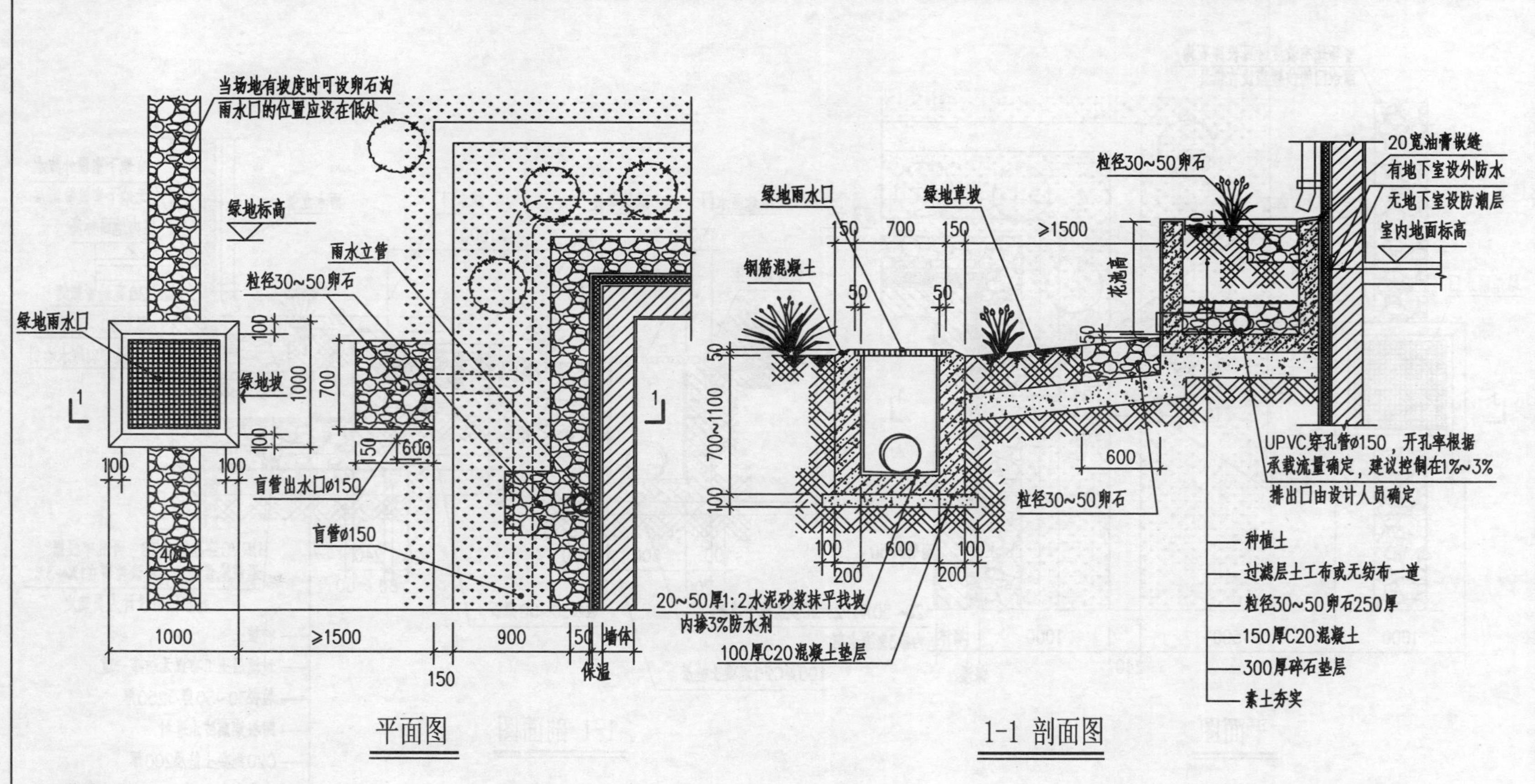

当场地有坡度时可设卵石沟
雨水口的位置应设在低处
绿地标高
雨水立管
粒径30~50卵石
绿地雨水口
绿地坡
盲管出水口ø150
盲管ø150
1000
≥1500
900
150
150
墙体
保温
平面图
绿地雨水口
绿地草坡
钢筋混凝土
花池高
粒径30~50卵石
20宽油膏嵌缝
有地下室设外防水
无地下室设防潮层
室内地面标高
UPVC穿孔管ø150，开孔率根据
承载流量确定，建议控制在1%~3%
排出口由设计人员确定
粒径30~50卵石
20~50厚1:2水泥砂浆抹平找坡
内掺3%防水剂
100厚C20混凝土垫层
种植土
过滤层土工布或无纺布一道
粒径30~50卵石250厚
150厚C20混凝土
300厚碎石垫层
素土夯实
1-1 剖面图

说明：

1.本图尺寸均以mm为单位。

2.屋面雨水排至花池，花池通过绿地草坡（高差宜为50mm+150mm的斜草坡），排至绿化中的雨水口，形成雨水的断接设计。

3.雨水口标高高于绿地标高50mm，且低于花池内底标高150mm。

4.花池出水口处左右各1.5m基础范围内，如为素土夯实垫层，应采用填碎石夯实，厚度大于300mm。

屋面雨水管断接设计图（花池式）	图集号	2019沪L003 2019沪S701
	页	22

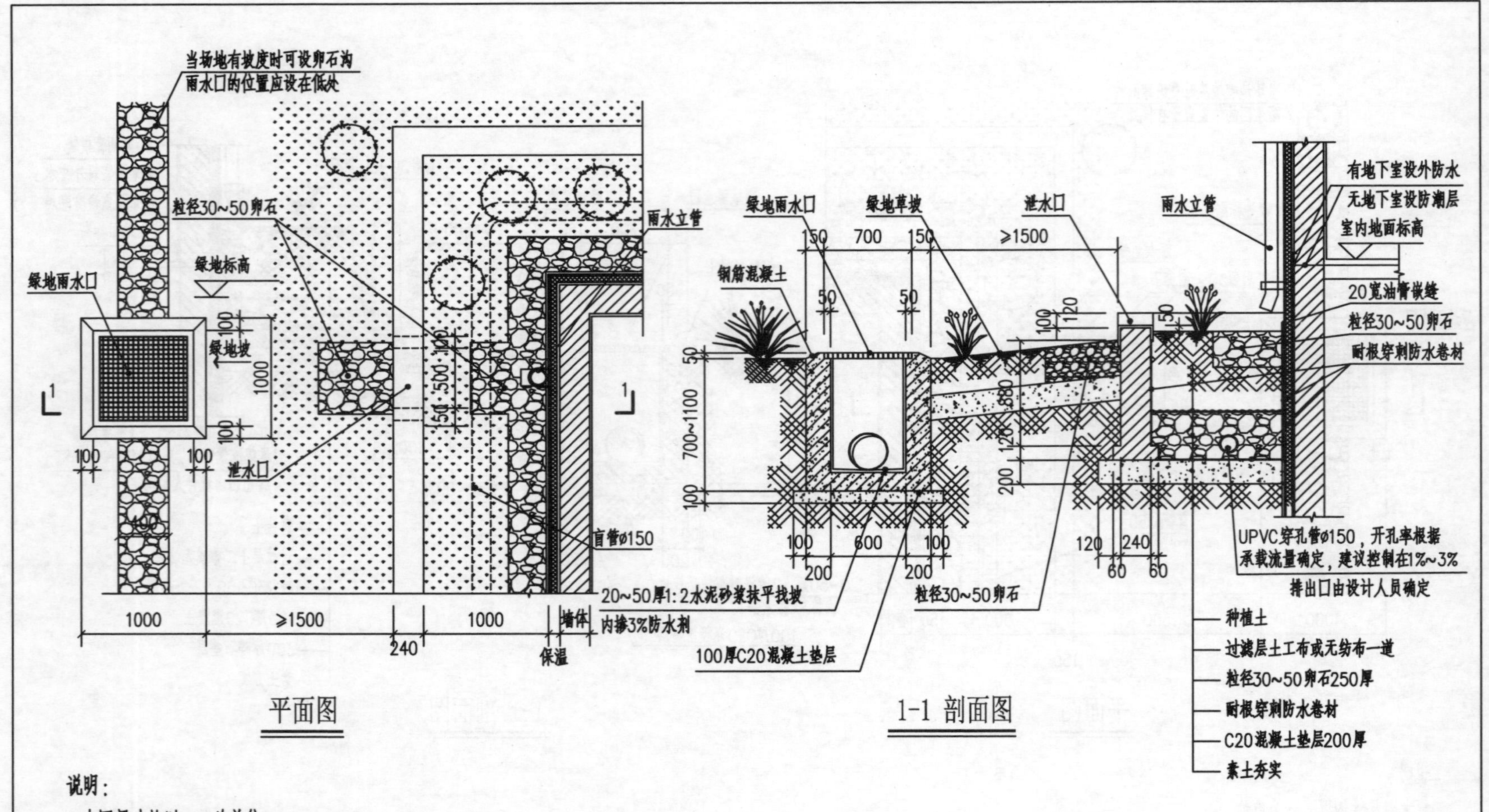

当场地有坡度时可设卵石沟
雨水口的位置应设在低处
粒径30~50卵石
雨水立管
绿地标高
绿地雨水口
绿地坡
泄水口
盲管ø150
20~50厚1:2水泥砂浆抹平找坡
内掺3%防水剂
墙体
保温
1000
≥1500
240
1000
平面图
绿地雨水口
绿地草坡
泄水口
雨水立管
钢筋混凝土
150
700
150
≥1500
有地下室设外防水
无地下室设防潮层
室内地面标高
20宽油膏嵌缝
粒径30~50卵石
耐根穿刺防水卷材
700~1100
UPVC穿孔管ø150，开孔率根据
承载流量确定，建议控制在1%~3%
排出口由设计人员确定
100厚C20混凝土垫层
粒径30~50卵石
种植土
过滤层土工布或无纺布一道
粒径30~50卵石250厚
耐根穿刺防水卷材
C20混凝土垫层200厚
素土夯实
1-1 剖面图

说明：

1.本图尺寸均以mm为单位。

2.屋面雨水排至花坛，通过渗透排至盲沟，形成雨水的断接设计。花坛设泄水口，排至绿化草坡。

3.花坛泄水口设于雨水立管处，标高高于花坛的绿地标高50mm，且高于雨水口标高250mm。

4.泄水口处左右各1.5m基础范围内，如为素土夯实垫层，应采用填碎石夯实，厚度大于300mm。

屋面雨水管断接设计图 （花坛式）	图集号	2019沪L003 2019沪S701
	页	23

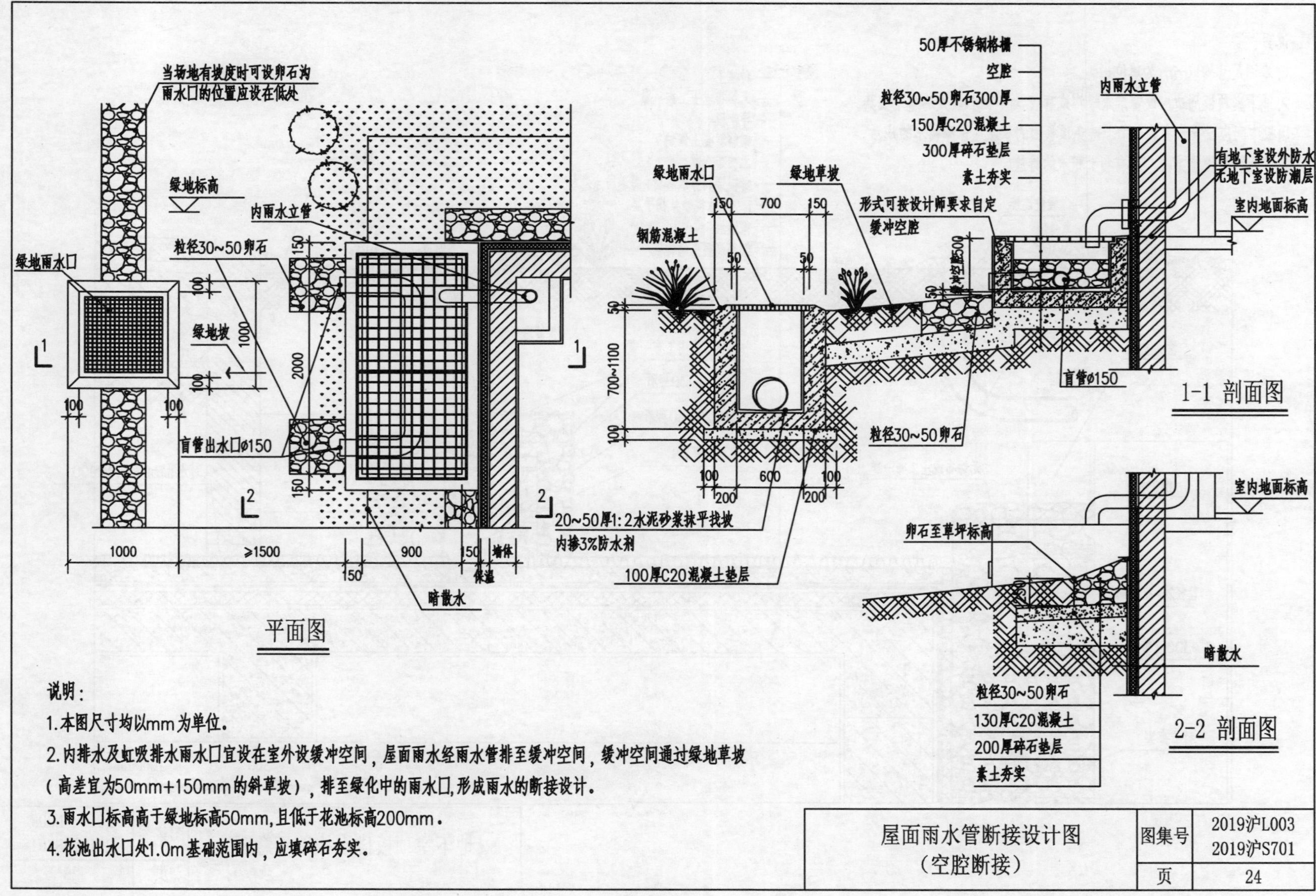
当场地有坡度时可设卵石沟
雨水口的位置应设在低处
绿地标高
内雨水立管
粒径30~50卵石
绿地雨水口
绿地坡
盲管出水口ø150
暗散水
平面图
1000
≥1500
900
150
墙体
保温
50厚不锈钢格栅
空腔
粒径30~50卵石300厚
150厚C20混凝土
300厚碎石垫层
素土夯实
绿地雨水口
绿地草坡
形式可按设计师要求自定
缓冲空腔
钢筋混凝土
有地下室设外防水
无地下室设防潮层
室内地面标高
盲管ø150
1-1 剖面图
粒径30~50卵石
20~50厚1:2水泥砂浆抹平找坡
内掺3%防水剂
100厚C20混凝土垫层
700~1100
卵石至草坪标高
暗散水
粒径30~50卵石
130厚C20混凝土
200厚碎石垫层
素土夯实
2-2 剖面图

说明：

1. 本图尺寸均以mm为单位。
2. 内排水及虹吸排水雨水口宜设在室外设缓冲空间，屋面雨水经雨水管排至缓冲空间，缓冲空间通过绿地草坡（高差宜为50mm+150mm的斜草坡），排至绿化中的雨水口，形成雨水的断接设计。
3. 雨水口标高高于绿地标高50mm，且低于花池标高200mm。
4. 花池出水口处1.0m基础范围内，应填碎石夯实。

屋面雨水管断接设计图（空腔断接）	图集号	2019沪L003 2019沪S701
	页	24

说明：

1. 本图尺寸均以mm为单位。

2. 地下室顶板周边应设置排水暗沟或盲管，对于面积较大的地下室其顶板中间应设排水盲沟若干，避免顶板面的积水，保障树木的成活。

3. 导水板的设置方向，应有利于积水的排放。

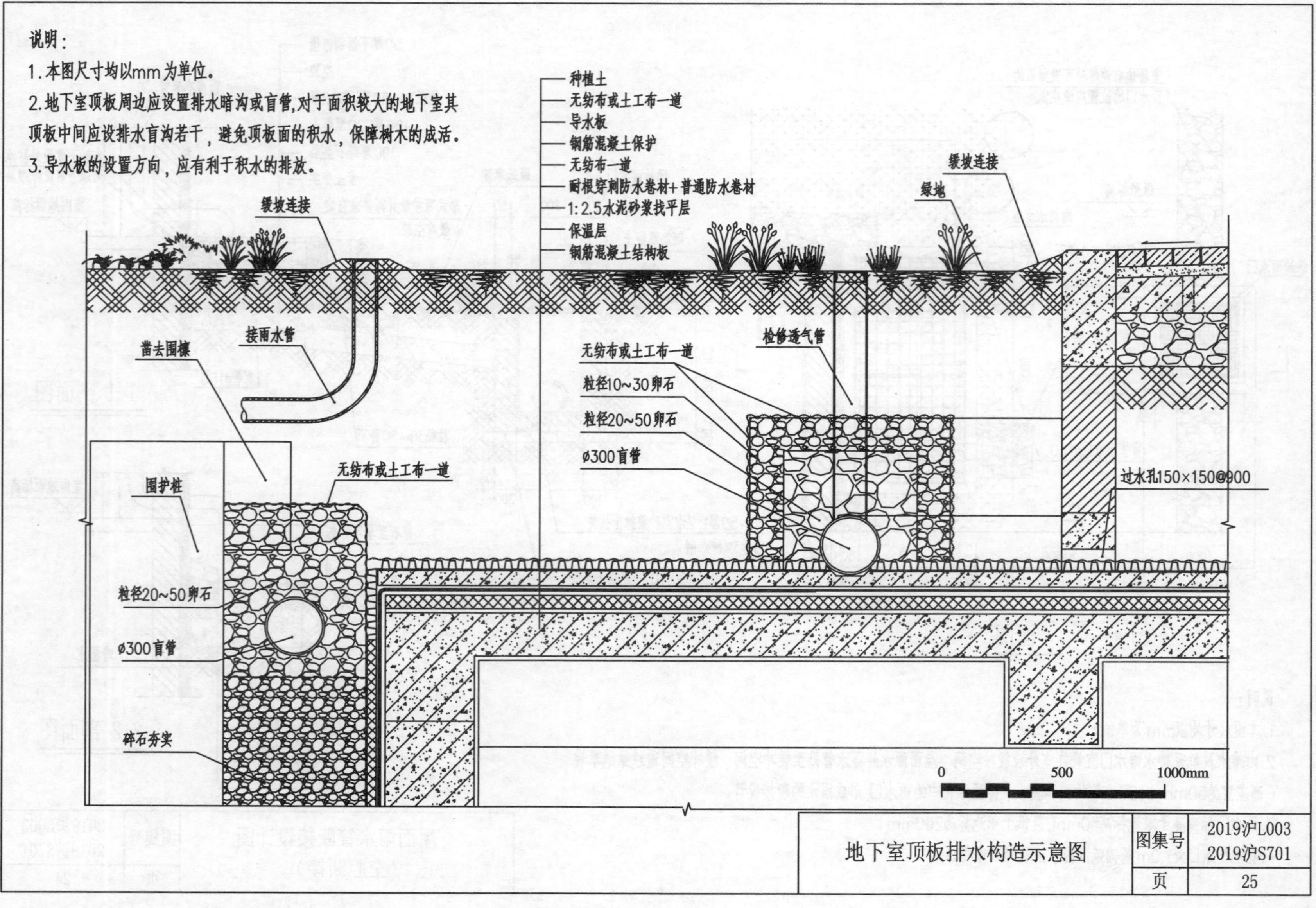

种植土
无纺布或土工布一道
导水板
钢筋混凝土保护
无纺布一道
耐根穿刺防水卷材+普通防水卷材
1: 2.5水泥砂浆找平层
保温层
钢筋混凝土结构板
缓坡连接
绿地
缓坡连接
接雨水管
凿去围檩
围护桩
无纺布或土工布一道
粒径20~50卵石
ø300盲管
碎石夯实
检修透气管
无纺布或土工布一道
粒径10~30卵石
粒径20~50卵石
ø300盲管
过水孔150×150@900
0
500
1000mm

地下室顶板排水构造示意图	图集号	2019沪L003 2019沪S701
	页	25

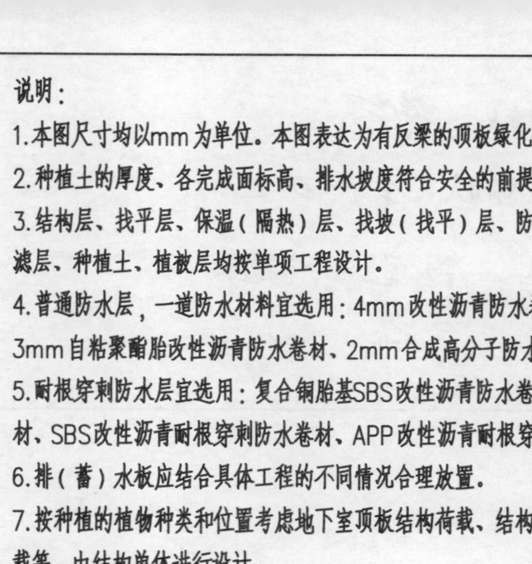

说明：

1.本图尺寸均以mm为单位。本图表达为有反梁的顶板绿化做法。

2.种植土的厚度、各完成面标高、排水坡度符合安全的前提下，按单项工程设计。

3.结构层、找平层、保温（隔热）层、找坡（找平）层、防水层、凹凸型排（蓄）水板、过滤层、种植土、植被层均按单项工程设计。

4.普通防水层，一道防水材料宜选用：4mm改性沥青防水卷材、1.5mm高分子防水卷材、3mm自粘聚酯胎改性沥青防水卷材、2mm合成高分子防水涂料。

5.耐根穿刺防水层宜选用：复合铜胎基SBS改性沥青防水卷材、铜胎SBS改性沥青防水卷材、SBS改性沥青耐根穿刺防水卷材、APP改性沥青耐根穿刺防水卷材等。

6.排（蓄）水板应结合具体工程的不同情况合理放置。

7.按种植的植物种类和位置考虑地下室顶板结构荷载、结构抗震等级、抗震设防措施、风荷载等，由结构单体进行设计。

8.有反梁和无反梁的地下室顶板标高低于建筑室外场地标高1500mm，地下室顶板标高种植土厚度均应≥1500mm。

9.地下建筑顶板的种植设计应采用以下措施加强调蓄雨水的能力：

（1）顶板采用反梁结构或坡度不足时，应加大反梁间的贯通盲沟的预留孔洞截面积，应不小于$0.01m^2$，并采取防堵塞措施。底部排蓄水的盲沟截面积应不小于$0.03m^2$。

（2）局部排水不畅时，应采用耐水湿品种植物。

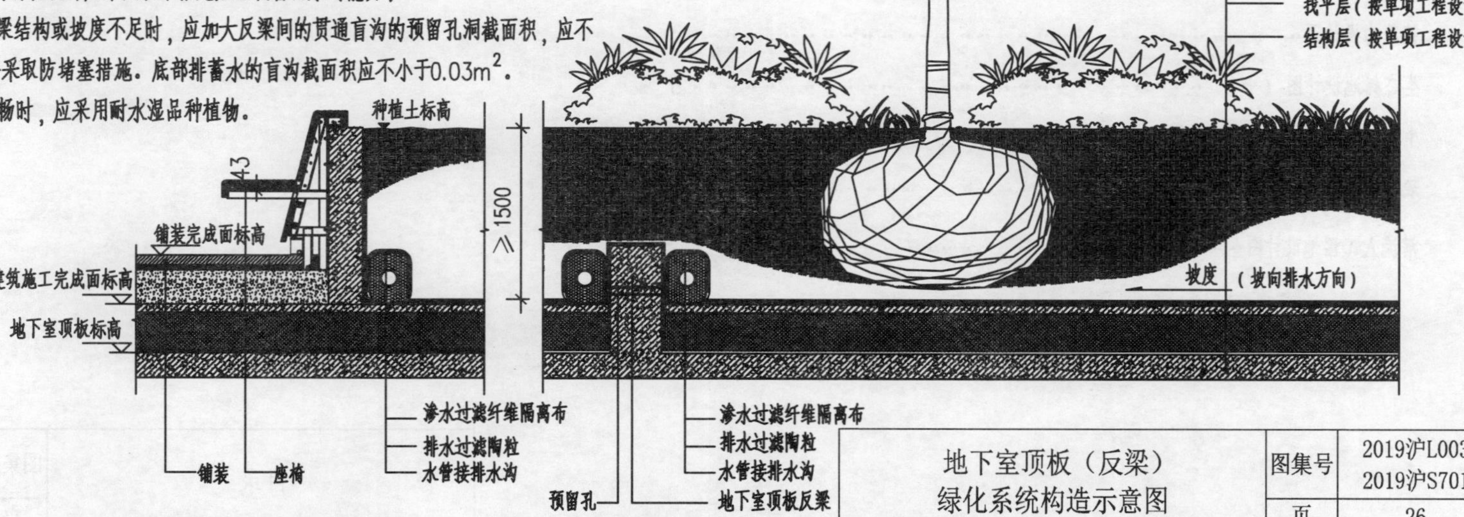

植被层
种植土
过滤层
凹凸型排（蓄）水板
柔性保护层
耐根穿刺防水层
普通防水层
找坡（找平）层
保温（隔热）层
找平层（按单项工程设计）
结构层（按单项工程设计）
种植土标高
43
≥1500
铺装完成面标高
建筑施工完成面标高
地下室顶板标高
坡度 （坡向排水方向）
渗水过滤纤维隔离布
排水过滤陶粒
水管接排水沟
铺装
座椅
渗水过滤纤维隔离布
排水过滤陶粒
水管接排水沟
预留孔
地下室顶板反梁

地下室顶板（反梁） 绿化系统构造示意图	图集号	2019沪L003 2019沪S701
	页	26

绿地系统

批准部门　上海市住房和城乡建设管理委员会　　批准文号　沪建标定[2020]36号

主编单位　上海市园林设计研究总院有限公司　　统一编号　DBJT 08-128-2019

实施日期　2020年6月1日　　图 集 号　2019沪L003　2019沪S701

主编单位负责人

主编单位技术负责人

技术审定人

设计负责人

目　录

目录	图集号	2019沪L003 2019沪S701
	页	1

说　明

一、编制说明

绿地系统图纸需与总说明、通用设施的图纸一并使用。

二、编制依据

《城市绿地设计规范》　GB 50420

《公园设计规范》　GB 51192

《园林绿化工程施工及验收规范》　CJJ 82

《绿地设计规范》　DG/TJ08-15

三、适用范围

本部分图集适用于本市新建、改建、扩建的公园绿地低影响开发项目的雨水控制与利用工程的设计、施工。

四、技术要求

1.绿地的总体布局设计应综合协调和合理布局空间、地形、园路、广场、出入口、水体、植物等，以及雨水排放和调蓄等设施，并应符合下列规定：

（1）应满足绿地的生态、景观和游憩各项功能；雨水系统设计应达到年径流总量控制率、年径流污染控制率等海绵城市建设指标的规划要求。

（2）集中绿地面积大于2hm²的绿地，宜根据场地条件设置水体，并应符合绿地各项用地比例的规定；面积小于2hm²可设置生物滞留设施。径流污染较严重的绿地，在条件允许的前提下，应设置湿塘或人工湿地等设施。

（3）接纳客水的公园应采取污染控制措施。

（4）雨水利用可采用渗透、景观水体补水与净化回用等方式，土壤入渗率低的绿地可采用调蓄、景观水体补水与净化回用等方式。

2.绿地的竖向设计应以总体布局和控制高程为依据，营造有利于雨水分流引导的地形，与相邻用地相协调，并应符合下列规定：

（1）应充分结合现状地形地貌进行竖向设计，保护并合理利用场地内原有的湿地、坑塘、沟渠等。

（2）梳理场地内部及周边竖向关系，划分汇水区，确定雨水汇集终点位置。

（3）周边区域雨水径流进入公园绿地前，应利用沉淀池、前置塘等对进入绿地内的雨水径流进行预处理。

（4）绿地内园路和硬地铺装的周围宜设置生物滞留设施、植草沟、生态树池等设施，控制和消纳雨水径流。

五、技术措施

1. 雨水设施应结合结构荷载、地质水文条件、建筑及道路功能、以及其他低影响开发设施综合考虑，靠近结构基础一侧按需进行防渗处理。

2. 海绵设施应采取保障公众安全的防护措施，不得对建筑、绿地、道路的安全造成负面影响，并应根据需要设置警示标志。

3. 绿地中适宜的源头减排技术措施，可采用雨水花园、植草沟、生态树池、人工雨水湿地等。

（1）雨水花园

雨水花园是是自然形成或人工挖掘的浅凹绿地，用于收集来自屋顶或地面的降雨径流，种植灌木、花草，通过植物、土壤和微生物的综合作用滞留、渗滤、净化雨水，是生物滞留设施的一种。雨水花园设计，应符合下列规定：

a. 应选择地势平坦、土壤排水性良好的场地，不得设置在供水系统周边。

b. 应分散布置，汇水面积宜为雨水花园面积的10倍～20倍，常用单个雨水花园面积宜为30m^2～40m^2，边坡坡度宜为1: 4。

c. 应自上而下设置蓄水层、覆盖层、种植层、透水土工布和砾石层，径流污染较重的区域可根据需要在透水土工布和砾石层之间增设过滤介质层，各层设计要求可参见本图集中的相关规定。

d. 应设置溢流设施，水平布置的溢流设施底或垂直布置的溢流设施顶应与设计蓄水层顶部齐平。

e. 在汇水区入口和坡度较大的植被缓冲带边缘，应采用增设隔离层、种植固土植被等措施固定绿地内土壤。

f. 对于道路、停车场等雨水污染程度较高的区域，可在雨水花园的汇水区入口之前设置植草沟或前置塘。

g. 应选择适生的耐水湿、耐旱和耐污染的植物种类，参见《海绵城市建设技术标准》DG/TJ 08—2298中附录A《上海地区海绵城市建设推荐植物种类表》。

（2）植草沟

植草沟是用来收集、输送和净化雨水的表面覆盖植被的明渠，可用于衔接其他海绵设施、城市雨水管渠和排涝除险系统。主要形式有转输型植草沟和滞蓄型植草沟。 植草沟设计应符合下列规定：

a. 断面形式宜采用倒抛物线形或倒梯形。

b. 边坡坡度不宜大于1: 3，纵坡不应大于4%，纵坡较大时宜设置为阶梯型植草沟或在中途设置消能设施。

c.流速不应大于0.8m/s，粗糙系数宜为0.2~0.3。

d.植草沟内植被高度宜控制在100mm~200mm。

e.植草沟从功能上分为转输型植草沟和滞蓄型植草沟，应符合下列规定：

(a)转输型植草沟结构较简单，素土之上设置300mm种植土，可不设置雨水口和排水管，但下游需衔接生物滞留设施等源头减排设施或雨水口。小区、广场等雨水径流总量高、污染程度低的区域，宜采用转输型植草沟。

(b) 滞蓄型植草沟结构层由上至下宜采用：300mm种植土、透水土工布、400mm砾石排水层、素土夯实，溢流口设置高度根据蓄水层高度确定，排水层应设排水管。道路、停车场等雨水污染程度较高的区域，宜采用滞蓄型植草沟。

（3）生态树池

生态树池是树木生长的地下空间，多采用适合树木生长的专用配方土，底部设置有排水盲管，可消纳其周边铺装地面产生的部分降雨径流，是生物滞留设施的一种。生态树池设计，应符合下列规定：

a.宜以木本植物为主，树穴的种植土厚度不应小于1m。

b.盖板应为透水材料，其顶面标高不应高于人行道铺装面层标高。

c.宜采用符合行道树种植的要求和入渗要求的土壤。

e.生态树池底部应设置砾石排水层，砾石排水层孔隙率宜为35%~40%，有效孔径宜大于80%。砾石排水层中应设置管径为100mm~150mm 的排水盲管，并用土工布包裹。

f.当生态树池距离建筑水平距离小于1.5m时，宜在靠树池侧的建筑外墙面（或地下室侧壁）增加防水措施。

（4）人工雨水湿地

人工雨水湿地是指用人工筑成水池或沟槽，底面设防渗漏隔水层，充填一定深度的基质层，种植水生植物，利用基质、植物、微生物的物理、化学、生物三重协同作用使雨水得到净化。按照雨水流动方式，分为表流人工湿地和潜流人工湿地。人工雨水湿地应满足以下要求：

（1）表流人工湿地是指雨水在基质层表面以上，从池体进水端水平流向出水端的人工湿地。表流人工湿地水深宜小于0.5m，雨水湿地的调节容积应在24h内排空。水力停留时间宜为4d~8d，水力坡度宜为0.1%~0.5%。表流人工湿地边坡坡度（垂直：水平）一般不大于1:3。出水池水深一般为0.8m~1.2m，容积约为总容积（不含调节容积）的10%。出水池近岸处应设置护栏、警示牌等安全防护与警示措施。沼泽区包括深沼泽区和浅沼泽区，其中深沼泽区水深范围一般为0.3m～0.5m，浅沼泽区水深范围一般为0m~0.3m，根据水深选择不同类型的水生植物.进水口和溢流出水口应设置碎石、消能坎等设施。人工湿地应设溢流设施（溢流管、雨水口、溢流井），并与排水管渠系统和排涝除险系统衔接。

（2）潜流人工湿地主要指雨水在基质层表面以下，从池体进水端水平流向出水端的人工湿地。潜流人工湿地内部应设置填料，填料层厚度宜0.5m~1m，湿地填料类型宜根据实际需求选择砾石、沸石、钢渣等材料。水力停留时间宜为1d~3d，水力坡度宜为0.5%~1.0%。湿地植物根据景观需要，选用相应的水生植物。潜流人工湿地单元长度、宽度根据设计确定,图中数据仅为建议值。

（3）应选择具有耐污能力的适生湿生植物。

（4）颗粒物负荷较高的初期雨水径流应设置前置塘或初期雨水弃流设施。

说明	图集号	2019沪L003 2019沪S701
	页	5

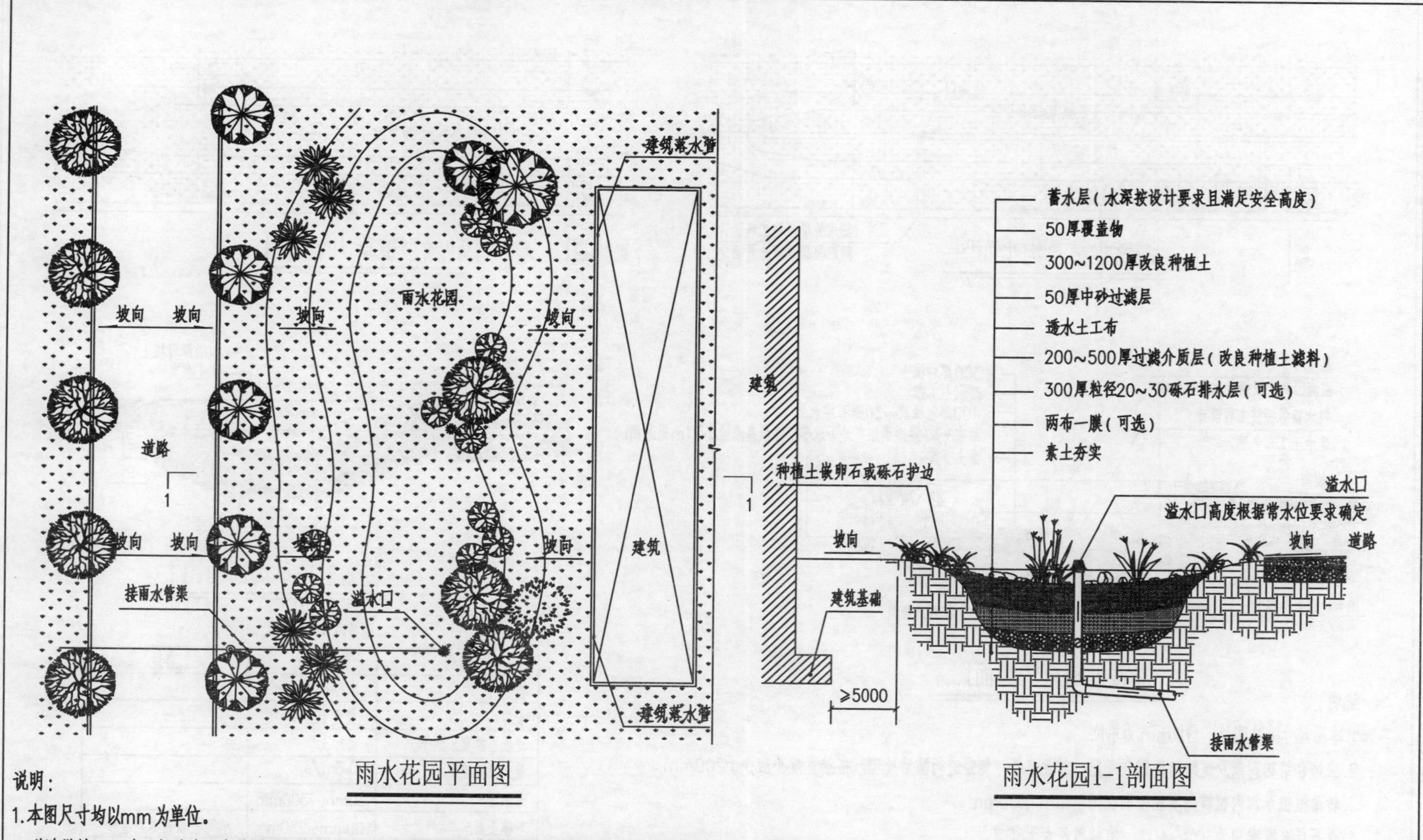
建筑落水管
雨水花园
坡向
坡向
坡向
坡向
道路
1
1
坡向
坡向
坡向
坡向
接雨水管渠
溢水口
建筑
建筑落水管
雨水花园平面图
蓄水层（水深按设计要求且满足安全高度）
50厚覆盖物
300~1200厚改良种植土
50厚中砂过滤层
透水土工布
200~500厚过滤介质层（改良种植土滤料）
300厚粒径20~30砾石排水层（可选）
两布一膜（可选）
素土夯实
建筑
种植土嵌卵石或砾石护边
溢水口
溢水口高度根据常水位要求确定
坡向
坡向
道路
建筑基础
≥5000
接雨水管渠
雨水花园1-1剖面图

说明：

1.本图尺寸均以mm为单位。

2.道路纵坡>1%时，顺道路雨水花园宜设水堰或台坎。靠道路路基一侧需进行防渗处理。溢流设施应高于汇水面100mm。

3.雨水花园根据植物特性，蓄水层厚度宜为200mm~300mm。

4.绿地底部距离地下水季节性最高水位小于1m，距离建筑基础水平距离小于5m时，可选用排水层或防渗膜。

雨水花园平面设计图（生物滞留设施）	图集号	2019沪L003 2019沪S701
	页	6

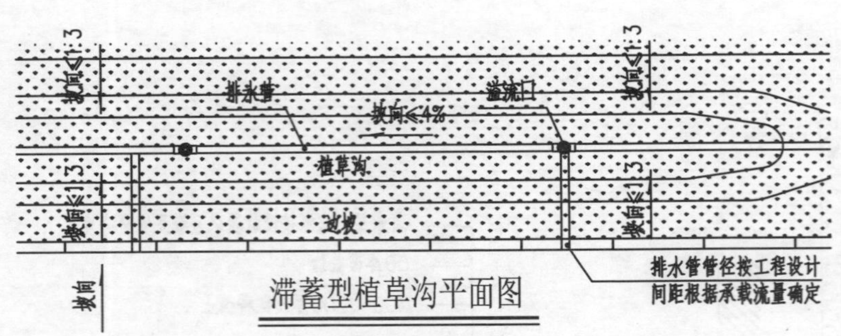
坡向≤1:3
排水管
坡向≤4%
溢流口
植草沟
边坡
排水管管径按工程设计
间距根据承载流量确定
坡向

滞蓄型植草沟平面图

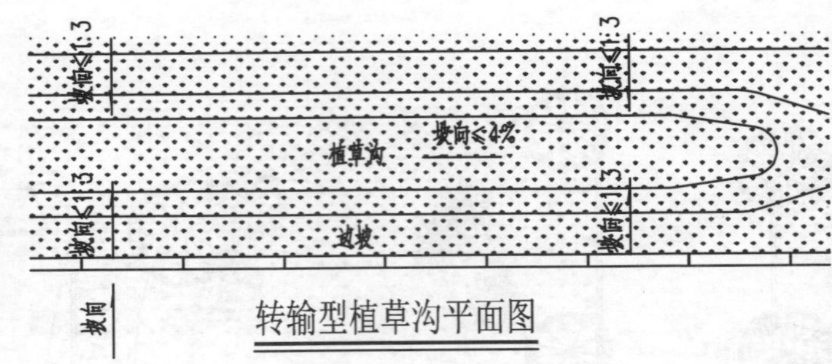
坡向≤1:3
植草沟
坡向≤4%
边坡
坡向

转输型植草沟平面图

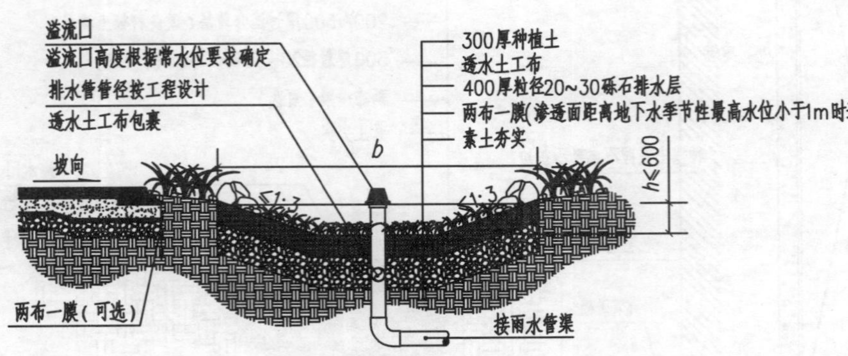
溢流口
溢流口高度根据常水位要求确定
排水管管径按工程设计
透水土工布包裹
300厚种植土
透水土工布
400厚粒径20~30砾石排水层
两布一膜(渗透面距离地下水季节性最高水位小于1m时选用)
素土夯实
坡向
b
≤1:3
h≤600
接雨水管渠

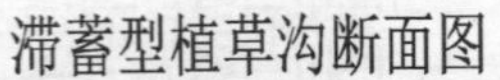
两布一膜(可选)

滞蓄型植草沟断面图

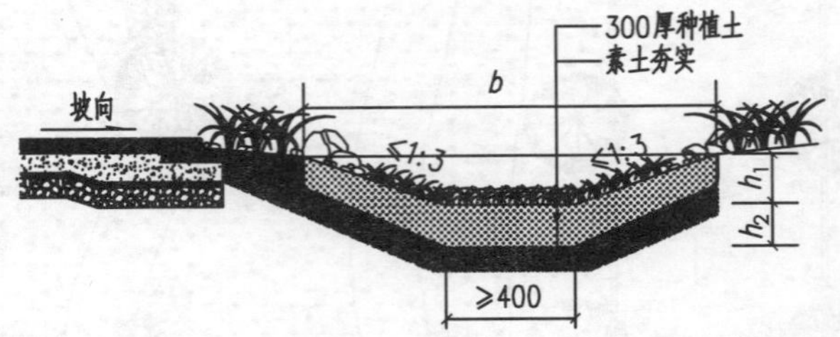
300厚种植土
素土夯实
坡向
b
≤1:3
h_1
h_2
≥400

转输型植草沟断面图

植草沟设计参数表

各层结构	设计参数	备注
顶宽 b	0.6m~2.0m	-
长度	宜大于30m	-
边坡(垂直:水平)	≤1:3	-
最大径流速度	0.8m/s	-
滞水层h_1	50mm~300mm	-
种植土层h_2	100mm~250mm	h_2可视植物类别增加

说明:

1.本图尺寸除注明外,均以mm为单位。

2.应结合结构荷载及道路功能综合考虑,靠近路基一侧需进行防渗处理,搭接宽度不应少于200mm。

3.转输型植草沟内植被高度宜控制在100mm~200mm。

4.砾石层孔隙率应为30%~40%,有效粒径大于80%。

5.溢流设施可采用溢流竖管、雨水口等形式,溢流竖管管径和雨水口连接管管径按工程设计,溢流设施设置间距和规格应保证排水安全。

植草沟设计图	图集号	2019沪L003 2019沪S701
	页	7

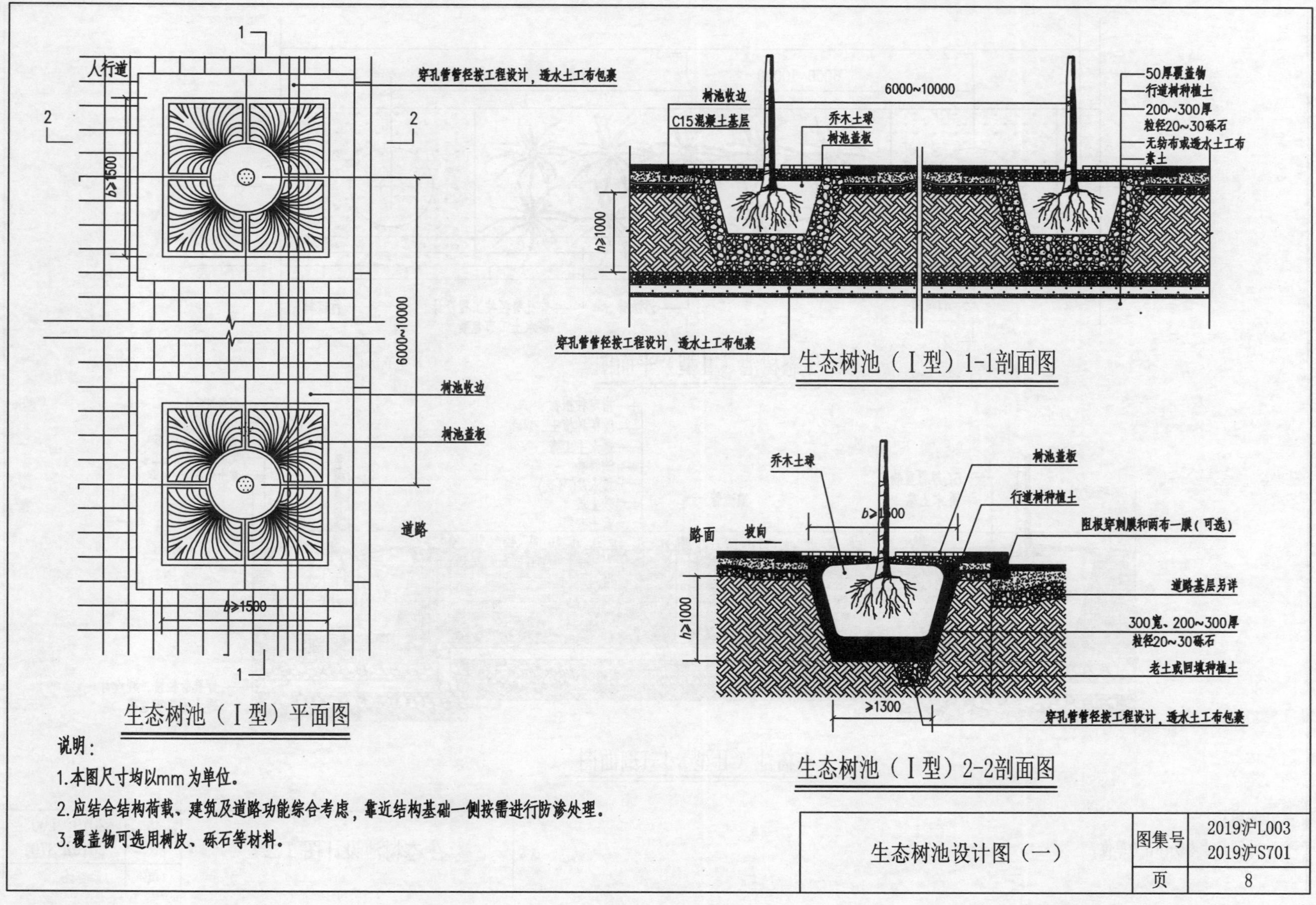

人行道
穿孔管管径按工程设计，透水土工布包裹
b≥1500
6000~10000
树池收边
树池盖板
道路
b≥1500
生态树池（Ⅰ型）平面图
6000~10000
树池收边
C15混凝土基层
乔木土球
树池盖板
50厚覆盖物
行道树种植土
200~300厚
粒径20~30砾石
无纺布或透水土工布
素土
h≥1000
穿孔管管径按工程设计，透水土工布包裹
生态树池（Ⅰ型）1-1剖面图
乔木土球
树池盖板
行道树种植土
b≥1500
路面
坡向
阻根穿刺膜和两布一膜（可选）
道路基层另详
300宽、200~300厚
粒径20~30砾石
老土或回填种植土
h≥1000
≥1300
穿孔管管径按工程设计，透水土工布包裹
生态树池（Ⅰ型）2-2剖面图

说明：

1. 本图尺寸均以mm为单位。
2. 应结合结构荷载、建筑及道路功能综合考虑，靠近结构基础一侧按需进行防渗处理。
3. 覆盖物可选用树皮、砾石等材料。

生态树池设计图（一）	图集号	2019沪L003 2019沪S701
	页	8

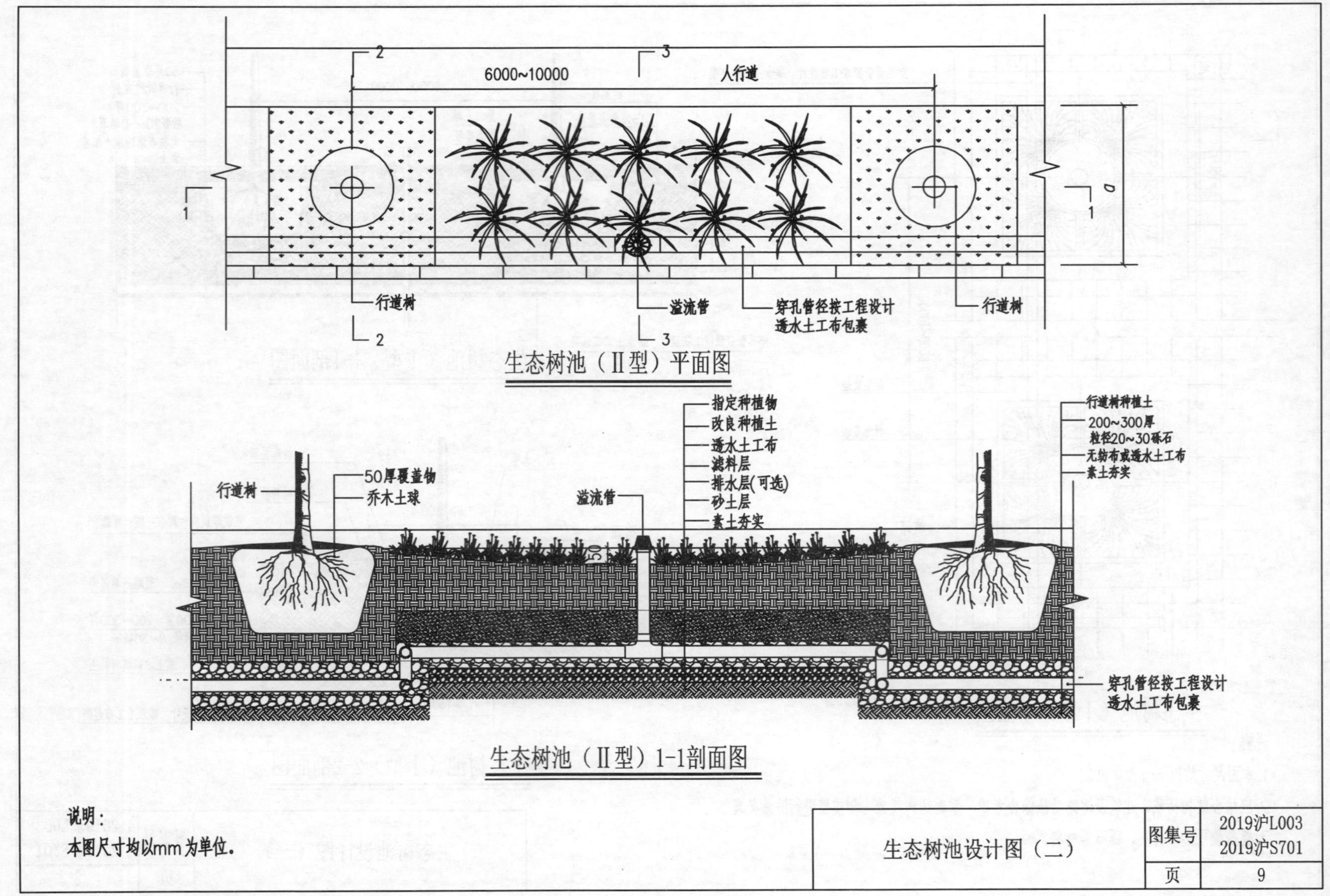
2
3
6000~10000
人行道
1
1
a
行道树
溢流管
穿孔管径按工程设计
透水土工布包裹
行道树
2
3
指定种植物
改良种植土
透水土工布
滤料层
排水层(可选)
砂土层
素土夯实
行道树种植土
200~300厚
粒径20~30碎石
无纺布或透水土工布
素土夯实
行道树
50厚覆盖物
乔木土球
溢流管
50
穿孔管径按工程设计
透水土工布包裹
生态树池（Ⅱ型）平面图

生态树池（Ⅱ型）1-1剖面图

说明：

本图尺寸均以mm为单位。

生态树池设计图（二）	图集号	2019沪L003 2019沪S701
	页	9

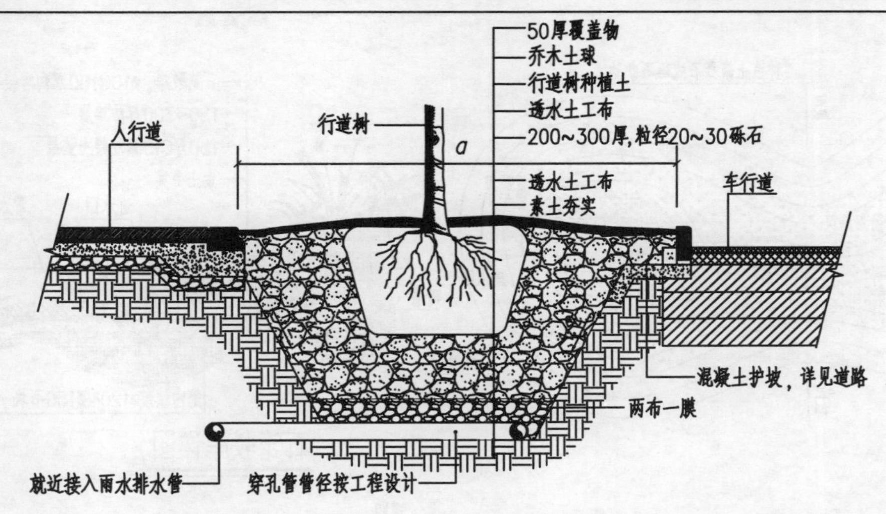
50厚覆盖物
乔木土球
行道树种植土
透水土工布
200~300厚,粒径20~30砾石
行道树
a
人行道
透水土工布
素土夯实
车行道
混凝土护坡，详见道路
两布一膜
就近接入雨水排水管
穿孔管管径按工程设计

生态树池（Ⅱ型）2-2剖面图

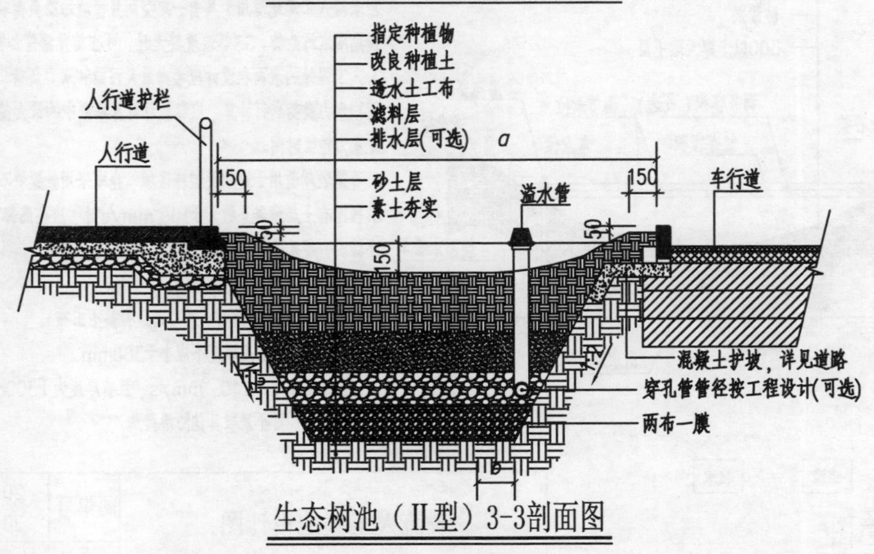
指定种植物
改良种植土
透水土工布
滤料层
排水层(可选)
人行道护栏
人行道
a
150
砂土层
素土夯实
150
车行道
溢水管
50
150
50
混凝土护坡，详见道路
穿孔管管径按工程设计(可选)
两布一膜
b

生态树池（Ⅱ型）3-3剖面图

说明：

1.本图尺寸除注明外，均以mm为单位。

2.绿地底部距离最高地下水季节性最高水位小于1m时，距离建筑基础水平距离小于5m时，可设置排水层。

3.道路纵坡大于1%时，顺道路宜设水堰或台坎，靠车行路基一侧需进行防渗处理。

4.垂直布置的溢流设施顶应与设计蓄水层顶部齐平。

5.覆盖物可选用树皮、砾石等材料。滤料层可选用炉渣、蛭石、砂石等材料。排水层可选用粒径20mm~30mm砾石。

6.生态树池（Ⅱ型）靠近人行道侧宜设护栏。

尺寸表(m)

序号	项目	尺寸
1	绿化带上口净宽	$a \geqslant 1.5$
2	防渗膜搭接长度	$b \geqslant 0.3$
3	改良种植土厚度	$c \geqslant 0.25$
4	滤料层厚度	$d \geqslant 0.35$
5	排水层厚度	$e \geqslant 200$
6	砂土层厚度	$f \geqslant 100$

生态树池设计图（二）	图集号	2019沪L003 2019沪S701
	页	10

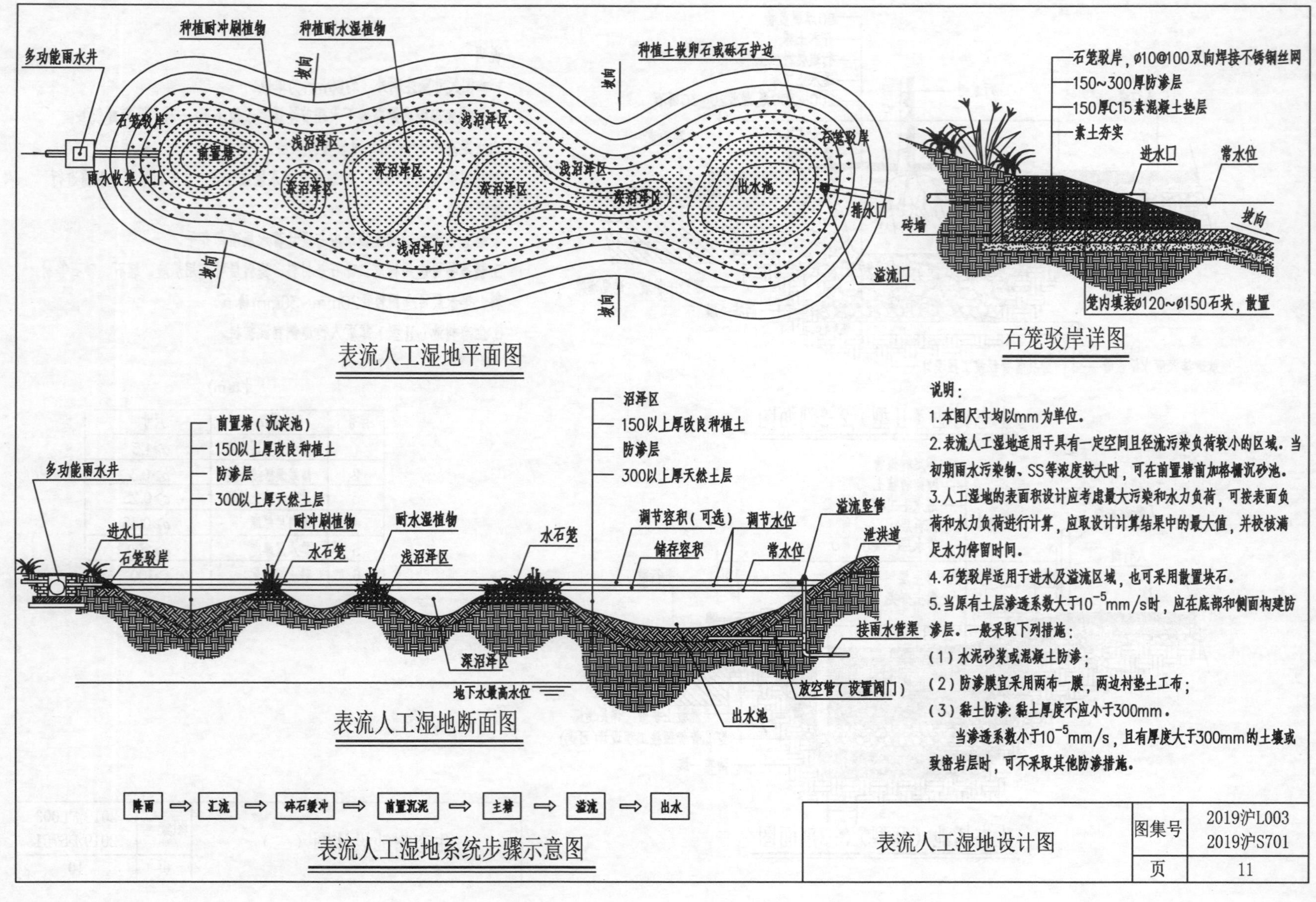

多功能雨水井
种植耐冲刷植物
种植耐水湿植物
坡向
种植土嵌卵石或砾石护边
石笼驳岸
前置塘
浅沼泽区
深沼泽区
雨水收集入口
出水池
排水口
溢流口
石笼驳岸，ø10@100双向焊接不锈钢丝网
150~300厚防渗层
150厚C15素混凝土垫层
素土夯实
进水口
常水位
砖墙
笼内填装ø120~ø150石块，散置
沼泽区
150以上厚改良种植土
防渗层
300以上厚天然土层
前置塘（沉淀池）
耐冲刷植物
耐水湿植物
水石笼
调节容积（可选）
调节水位
溢流竖管
储存容积
泄洪道
接雨水管渠
地下水最高水位
放空管（设置阀门）
降雨
汇流
碎石缓冲
前置沉泥
主塘
溢流
出水

表流人工湿地平面图

石笼驳岸详图

表流人工湿地断面图

表流人工湿地系统步骤示意图

说明：

1.本图尺寸均以mm为单位。

2.表流人工湿地适用于具有一定空间且径流污染负荷较小的区域。当初期雨水污染物、SS等浓度较大时，可在前置塘前加格栅沉砂池。

3.人工湿地的表面积设计应考虑最大污染和水力负荷，可按表面负荷和水力负荷进行计算，应取设计计算结果中的最大值，并校核满足水力停留时间。

4.石笼驳岸适用于进水及溢流区域，也可采用散置块石。

5.当原有土层渗透系数大于10^{-5}mm/s时，应在底部和侧面构建防渗层。一般采取下列措施：

（1）水泥砂浆或混凝土防渗；

（2）防渗膜宜采用两布一膜，两边衬垫土工布；

（3）黏土防渗：黏土厚度不应小于300mm。

当渗透系数小于10^{-5}mm/s，且有厚度大于300mm的土壤或致密岩层时，可不采取其他防渗措施。

表流人工湿地设计图	图集号	2019沪L003 2019沪S701
	页	11

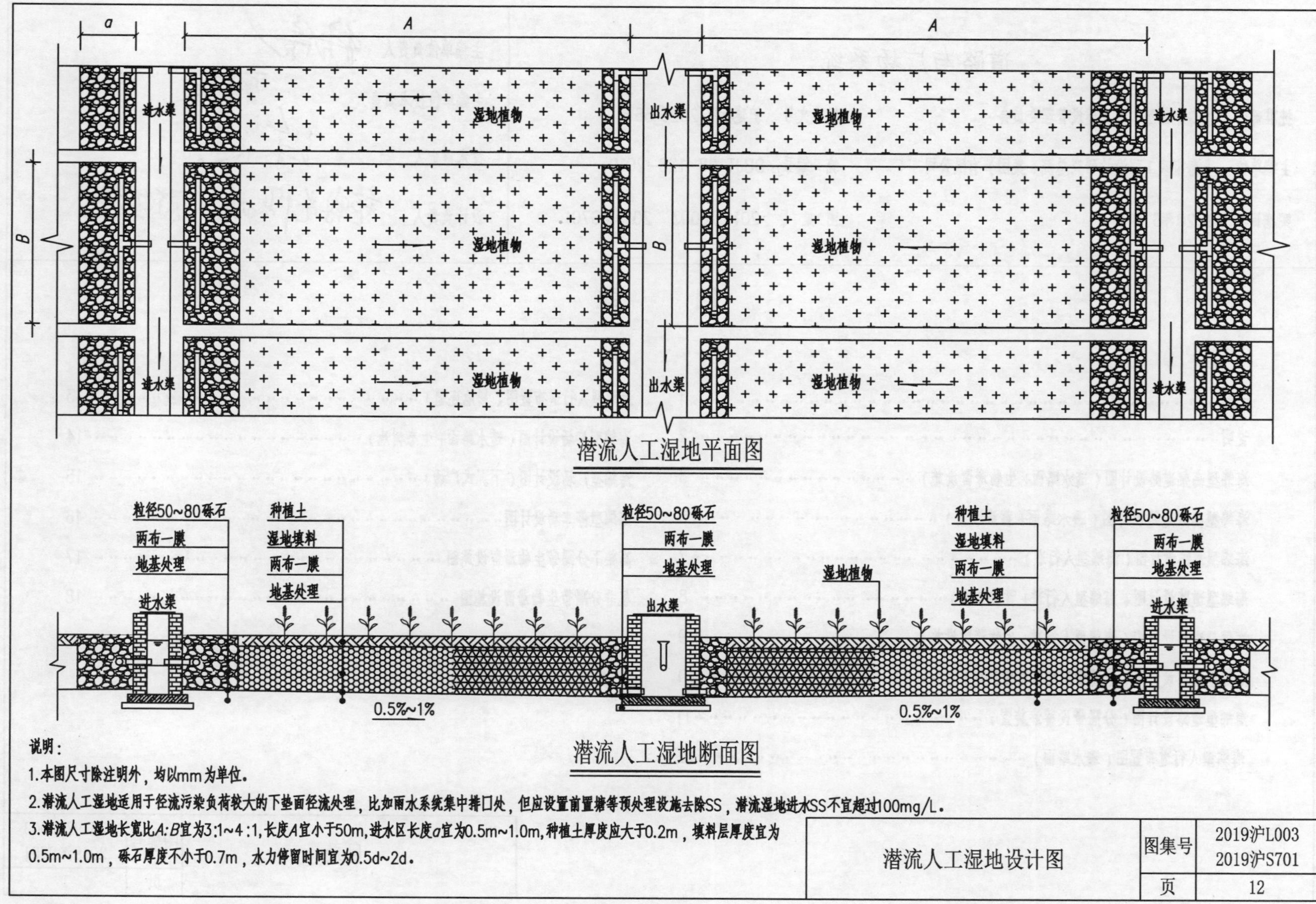
a
A
A
进水渠
湿地植物
出水渠
湿地植物
进水渠
B
湿地植物
B
湿地植物
进水渠
湿地植物
出水渠
湿地植物
进水渠
潜流人工湿地平面图
粒径50~80砾石
两布一膜
地基处理
种植土
湿地填料
两布一膜
地基处理
进水渠
粒径50~80砾石
两布一膜
地基处理
出水渠
湿地植物
种植土
湿地填料
两布一膜
地基处理
粒径50~80砾石
两布一膜
地基处理
进水渠
0.5%~1%
0.5%~1%
潜流人工湿地断面图

说明：

1. 本图尺寸除注明外，均以mm为单位。
2. 潜流人工湿地适用于径流污染负荷较大的下垫面径流处理，比如雨水系统集中排口处，但应设置前置塘等预处理设施去除SS，潜流湿地进水SS不宜超过100mg/L。
3. 潜流人工湿地长宽比A:B宜为3:1~4:1，长度A宜小于50m，进水区长度a宜为0.5m~1.0m，种植土厚度应大于0.2m，填料层厚度宜为0.5m~1.0m，砾石厚度不小于0.7m，水力停留时间宜为0.5d~2d。

潜流人工湿地设计图	图集号	2019沪L003 2019沪S701
	页	12

道路与广场系统

批准部门 上海市住房和城乡建设管理委员会　　批准文号 沪建标定[2020]36号

主编单位 上海市政工程设计研究总院（集团）有限公司　　统一编号 DBJT 08-128-2019

实施日期 2020年6月1日　　图 集 号 2019沪L003 2019沪S701

主编单位负责人

主编单位技术负责人

技术审定人

设计负责人

目　录

目录	图集号	2019沪L003 2019沪S701
	页	1

说　明

一、编制说明

道路与广场系统图纸需与说明、绿地系统、通用设施的图纸一并使用。

二、编制依据

《城市道路工程设计规范》	CJJ 37
《城镇道路路面设计规范》	CJJ 169
《城市道路路基设计规范》	CJJ 194
《透水水泥混凝土路面技术规程》	CJJ/T 135
《透水砖路面技术规程》	CJJ/T 188
《透水沥青路面技术规程》	CJJ/T 190
《城市道路—透水人行道铺设》	16MR204
《雨水口标准图》	DBJT 08-120-2015
《道路排水性沥青路面技术规程》	DG/TJ 08-2074
《透水人行道技术规程》	DG/TJ 08-2241

三、适用范围

本图集适用于上海市城市建成区或规划区范围内道路与广场新建、改建、扩建项目。

四、技术要求

(1)道路透水路面设计应满足国家、行业和本市现行有关规范的要求。

(2)在人行道绿化带、绿化隔离带及后排绿地设置溢流式雨水口，使路面径流先汇入各生物滞留设施，溢流后进入市政雨水管道。在条件允许的情况下，宜提高道路红线内的绿地率，以提高其滞水调节能力。

(3)人行道宜采用生态树池与透水铺装。

(4)考虑到行车安全和施工要求，道路横坡采用上海地区常规道路的设计，宜为1.5%~2.0%。

(5)雨水横向连接管管径不小于300mm，坡度不小于1%。

(6)雨水口内配备截污挂篮。

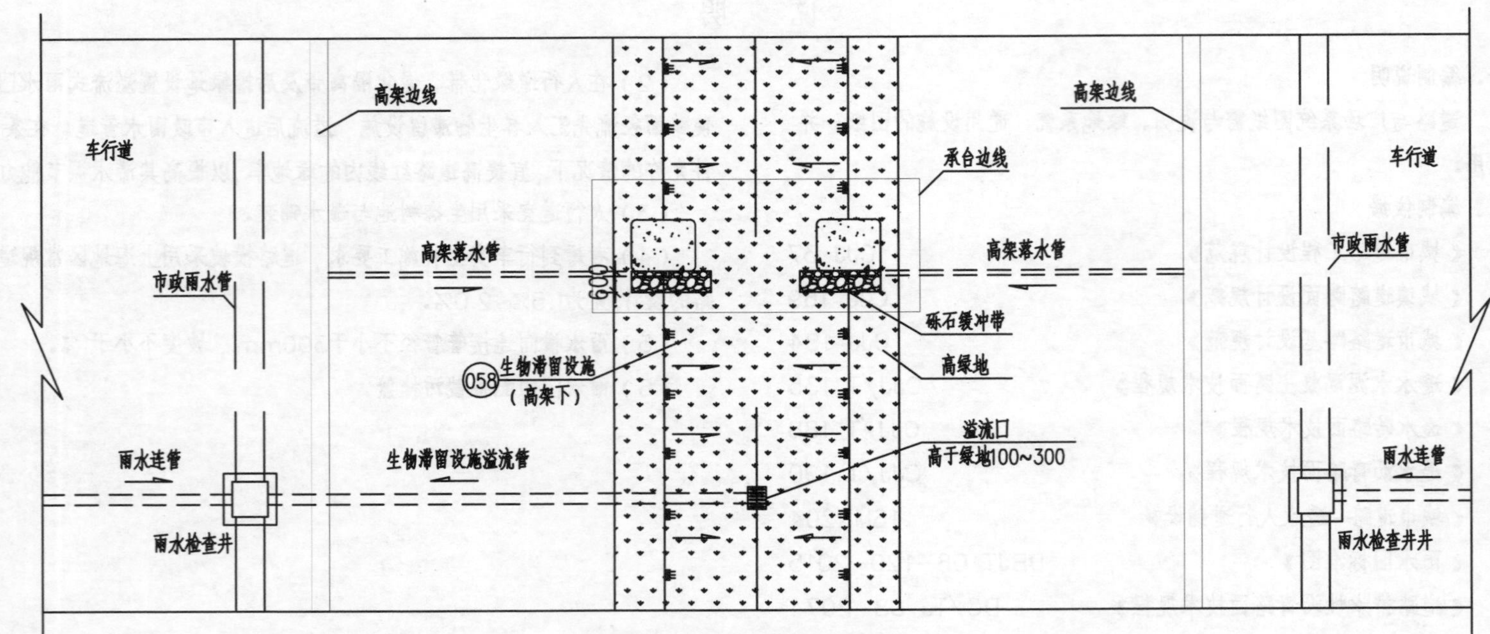

车行道
高架边线
市政雨水管
高架落水管
600
承台边线
砾石缓冲带
高绿地
058
生物滞留设施
（高架下）
溢流口
高于绿地100~300
雨水连管
生物滞留设施溢流管
雨水检查井
雨水检查井井

海绵型高架道路平面设计图

（透水路面+生物滞留设施）

说明：

1.本图尺寸均以mm为单位。

2.本图适用于高架下绿化分隔带不小于4m且非重载交通的高架道路。

3.高架下绿化分隔带局部下凹，作为生物滞留设施，并设置溢流口。

4.生物滞留设施底部渗透面宜高于地下水季节性最高水位1m以上，否则应加设防渗膜（两布一膜）。

5.该海绵型高架道路雨水排放模式为：高架道路面层宜采用透水沥青路面，雨水通过透水沥青和纵向排水管汇流后，由落水管排入高架下生物滞留设施，蓄存和下渗雨水；溢流口高于生物滞留设施下凹处100mm~300mm，超过滞蓄能力的雨水通过溢流口进入市政雨水管。

6.高架落水管管口距生物滞留设施表面200mm，管口下铺设砾石缓冲带，宽度600mm，厚度100mm，表面与绿地持平，并采取相应措施避免砾石冲散。

7.高架下绿化分隔带两侧路基外包防渗膜（两布一膜），防止雨水渗透破坏路基。

8.施工时，应严格控制绿地及溢流口标高，保证蓄水层深度。

9.高架道路铺装为不透水材料时，高架下分隔带做法也可参考本图。

海绵型高架道路设计图 （透水路面+生物滞留设施）	图集号	2019沪L003 2019沪S701
	页	3

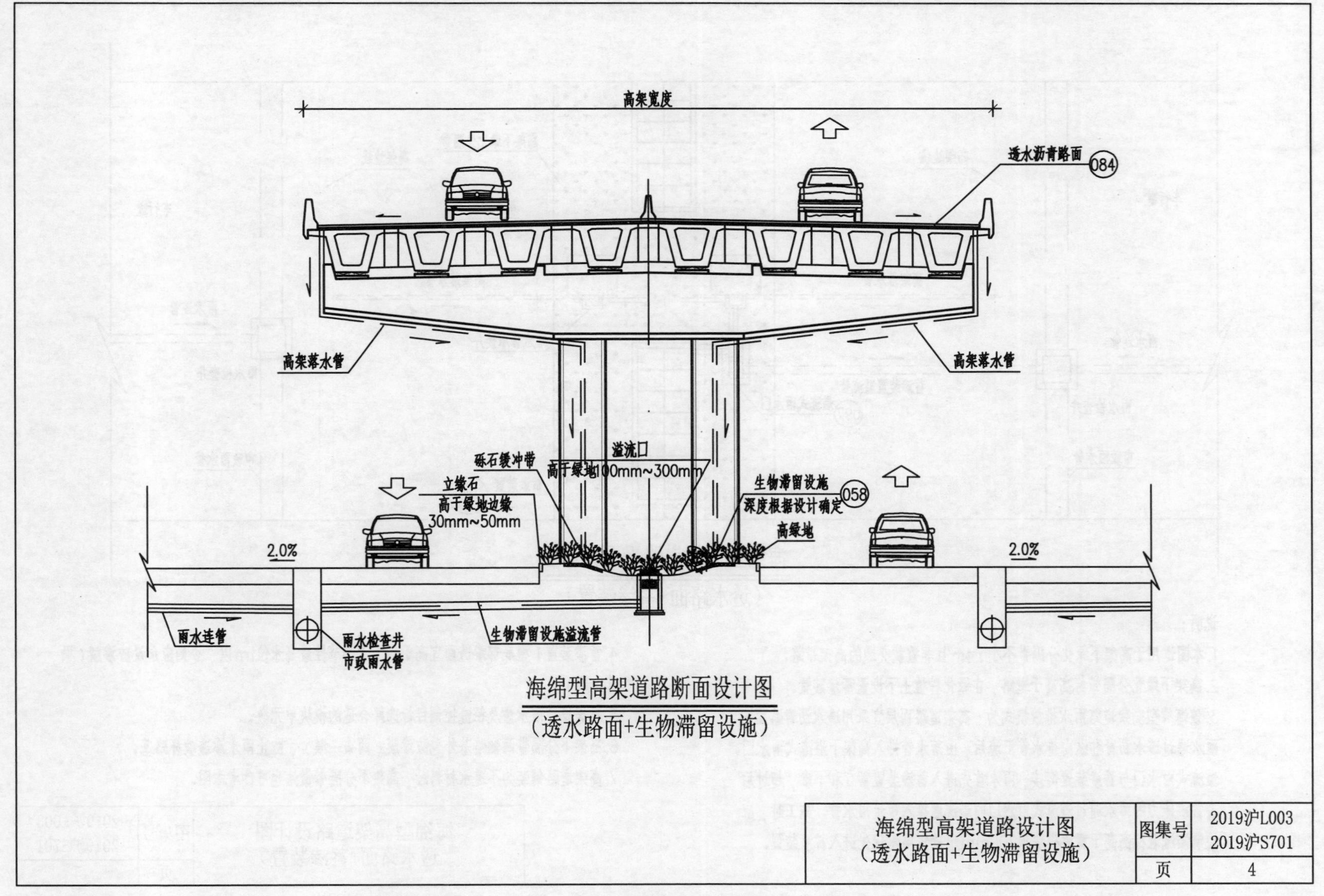
高架宽度
透水沥青路面
084
高架落水管
高架落水管
砾石缓冲带
溢流口
高于绿地100mm~300mm
立缘石
高于绿地边缘
30mm~50mm
生物滞留设施
深度根据设计确定
058
高绿地
2.0%
2.0%
雨水连管
雨水检查井
市政雨水管
生物滞留设施溢流管

海绵型高架道路断面设计图
（透水路面+生物滞留设施）

海绵型高架道路设计图（透水路面+生物滞留设施）	图集号	2019沪L003 2019沪S701
	页	4

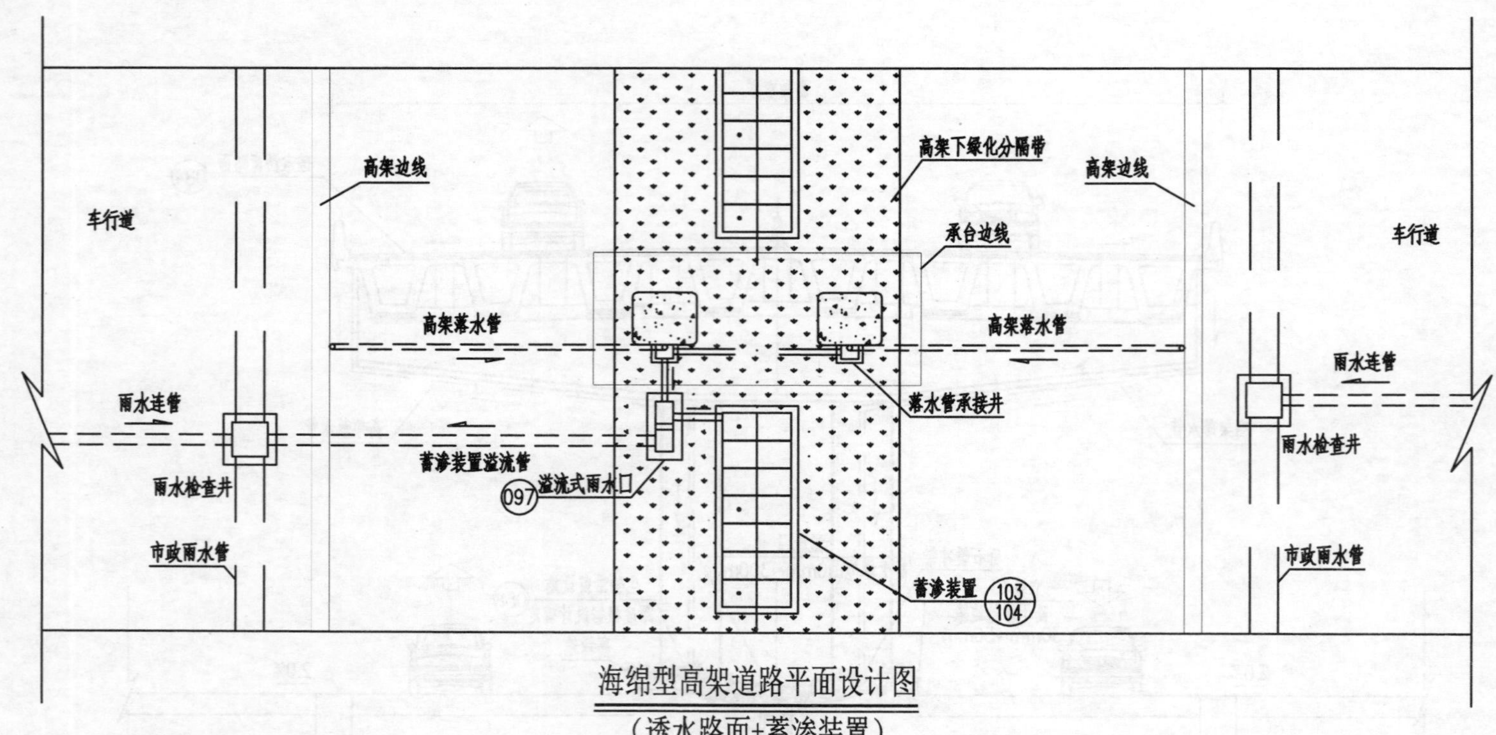

高架边线
高架下绿化分隔带
高架边线
车行道
承台边线
车行道
高架落水管
高架落水管
雨水连管
雨水连管
落水管承接井
雨水检查井
蓄渗装置溢流管
雨水检查井
溢流式雨水口
097
市政雨水管
市政雨水管
蓄渗装置
103
104

海绵型高架道路平面设计图

（透水路面+蓄渗装置）

说明：

1.本图适用于高架下绿化分隔带不小于4m且非重载交通的高架道路。

2.高架下绿化分隔带标高高于道路，在绿化种植土下设置蓄渗装置。

3.该海绵型高架道路雨水排放模式为：高架道路面层宜采用透水沥青路面，雨水通过透水沥青和纵向排水管汇流后，由落水管排入高架下溢流式雨水口。溢流式雨水口与蓄渗装置衔接，雨水首先进入蓄渗装置蓄存和下渗，超过后者蓄渗能力的雨水通过溢流式雨水口内溢流堰排入市政雨水管。施工时，应控制溢流堰标高高于蓄渗模块顶200mm，确保雨水优先进入蓄渗装置。

4.蓄渗装置Ⅰ型底部渗透面宜高于地下水季节性最高水位1m以，否则应加设防渗膜（两布一膜）。

5.根据设计雨水量及径流控制目标选择合适的模块单元数。

6.高架下分隔带两侧路基外包防渗膜（两布一膜），防止雨水渗透破坏路基。

7.高架道路铺装为不透水材料时，高架下分隔带做法也可参考本图。

海绵型高架道路设计图 （透水路面+蓄渗装置）	图集号	2019沪L003 2019沪S701
	页	5

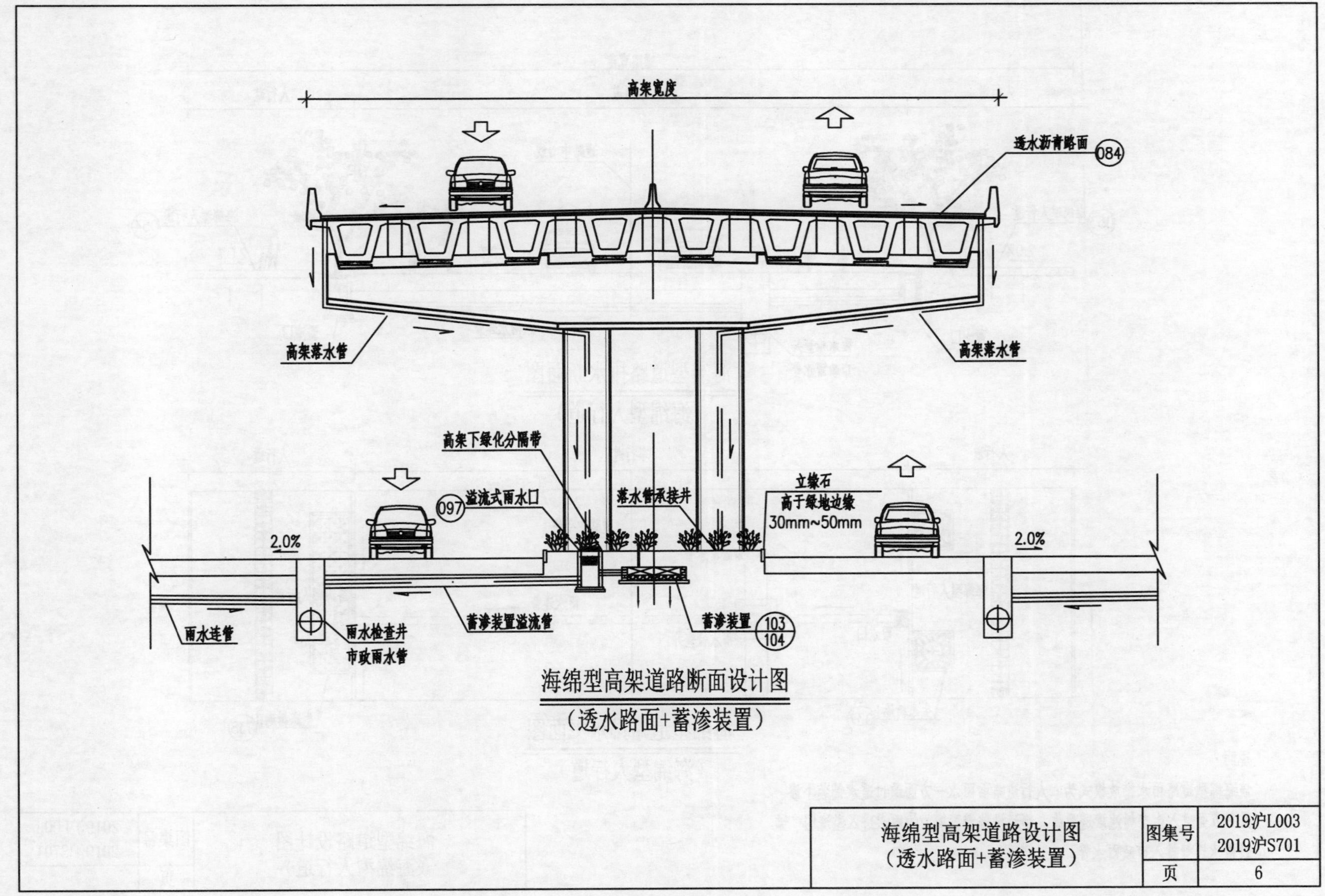
高架宽度
透水沥青路面
084
高架落水管
高架落水管
高架下绿化分隔带
097
溢流式雨水口
落水管承接井
立缘石
高于绿地边缘
30mm~50mm
2.0%
2.0%
雨水连管
雨水检查井
市政雨水管
蓄渗装置溢流管
蓄渗装置
103
104

海绵型高架道路断面设计图

（透水路面+蓄渗装置）

海绵型高架道路设计图 （透水路面+蓄渗装置）	图集号	2019沪L003 2019沪S701
	页	6

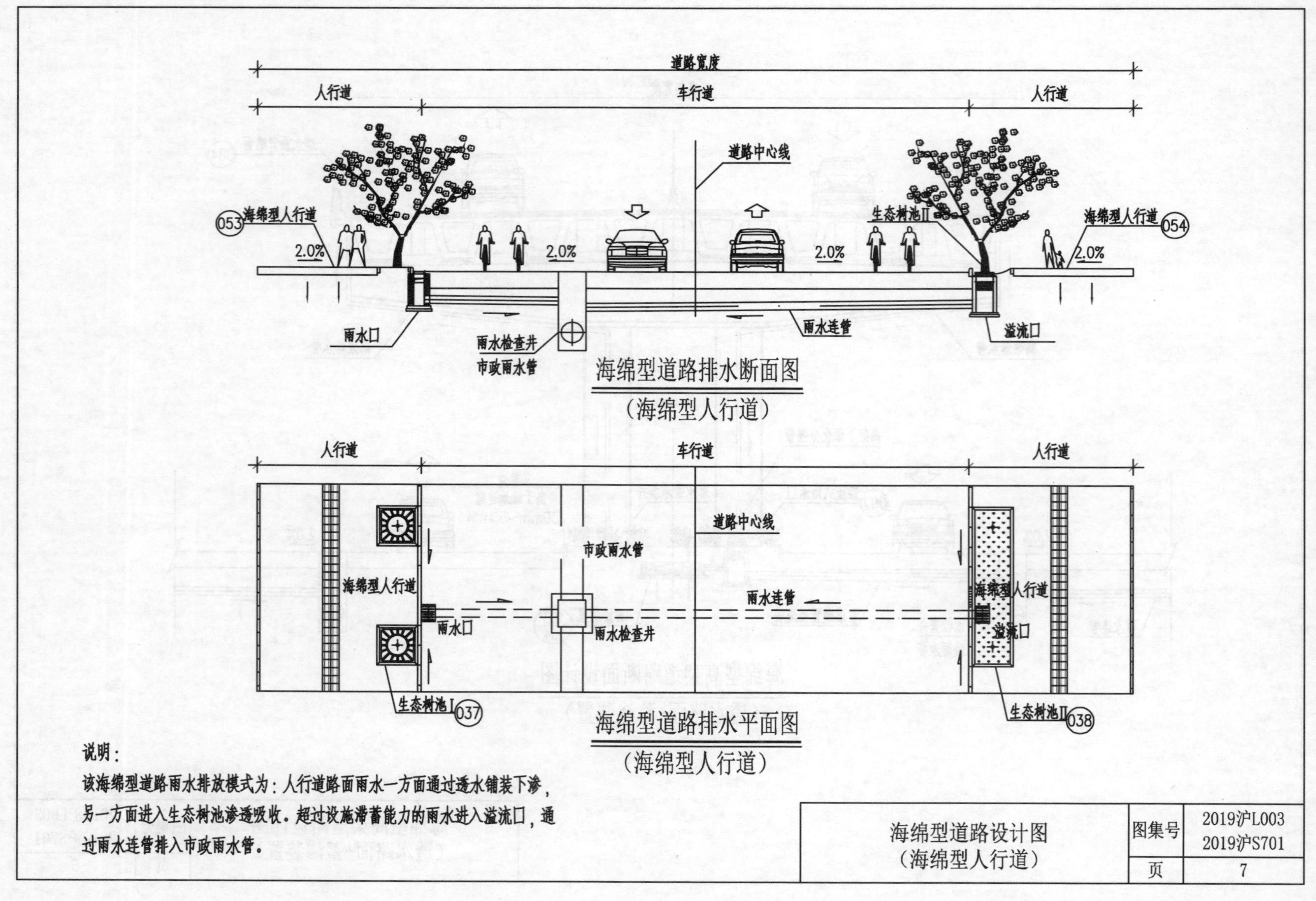

道路宽度
人行道
车行道
人行道
道路中心线
053
海绵型人行道
2.0%
2.0%
2.0%
生态树池Ⅱ
海绵型人行道
054
2.0%
雨水口
雨水检查井
市政雨水管
雨水连管
溢流口
人行道
车行道
人行道
道路中心线
市政雨水管
海绵型人行道
雨水连管
海绵型人行道
雨水口
溢流口
雨水检查井
生态树池Ⅰ
037
生态树池Ⅱ
038

海绵型道路排水断面图
（海绵型人行道）

海绵型道路排水平面图
（海绵型人行道）

说明：

该海绵型道路雨水排放模式为：人行道路面雨水一方面通过透水铺装下渗，另一方面进入生态树池渗透吸收。超过设施滞蓄能力的雨水进入溢流口，通过雨水连管排入市政雨水管。

海绵型道路设计图（海绵型人行道）	图集号	2019沪L003 2019沪S701
	页	7

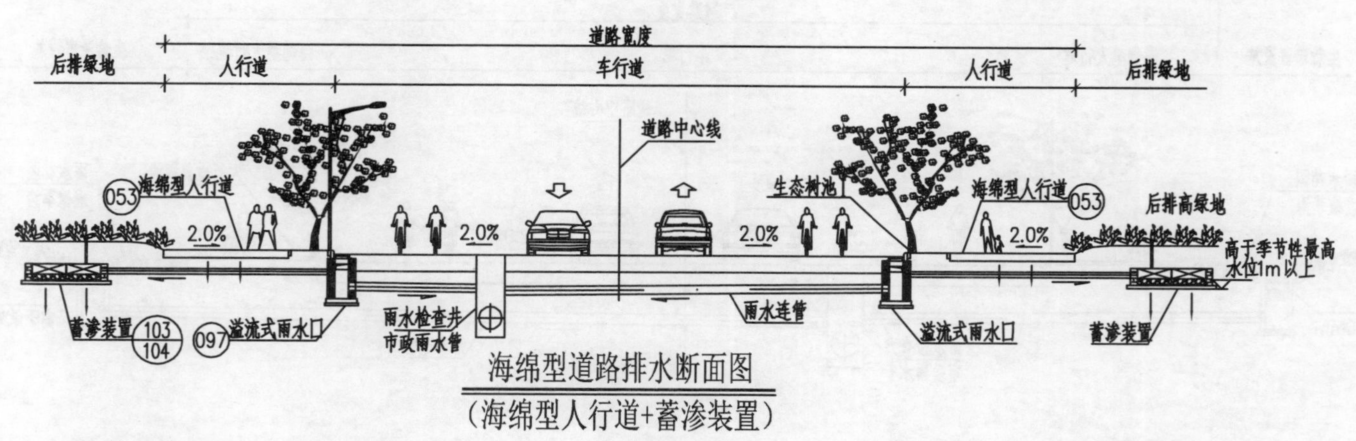
道路宽度
后排绿地
人行道
车行道
人行道
后排绿地
道路中心线
053
海绵型人行道
2.0%
2.0%
2.0%
2.0%
生态树池
海绵型人行道
053
后排高绿地
高于季节性最高水位1m以上
蓄渗装置
103
104
097
溢流式雨水口
雨水检查井
市政雨水管
雨水连管
溢流式雨水口
蓄渗装置

海绵型道路排水断面图

（海绵型人行道+蓄渗装置）

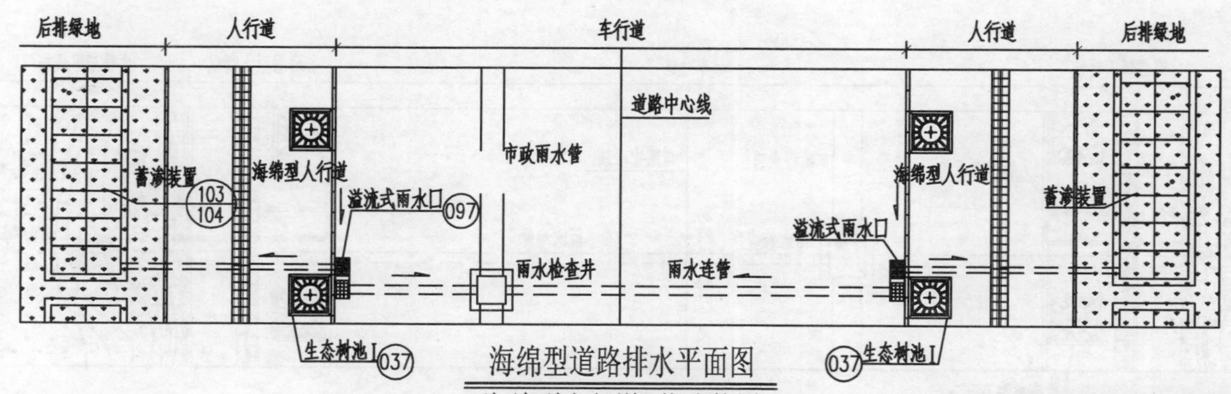
后排绿地
人行道
车行道
人行道
后排绿地
道路中心线
市政雨水管
蓄渗装置
103
104
海绵型人行道
溢流式雨水口
097
雨水检查井
雨水连管
海绵型人行道
蓄渗装置
溢流式雨水口
生态树池Ⅰ
037
037
生态树池Ⅰ

海绵型道路排水平面图

（海绵型人行道+蓄渗装置）

说明：

1. 本图所示后排绿地标高高于道路，绿地下设置蓄渗装置。
2. 根据设计雨水量及径流控制目标选择合适的模块单元数。
3. 该海绵型道路雨水排放模式为：人行道路面雨水一方面通过透水铺装下渗，另一方面进入生态树池渗透吸收；车行道雨水汇流至溢流式雨水口，溢流式雨水口与蓄渗装置衔接，雨水口收集的雨水首先进入蓄渗装置蓄存和下渗，超过蓄渗能力的雨水通过溢流式雨水口内溢流堰排入市政雨水管。
4. 施工时，应控制溢流堰标高高于蓄渗模块顶200mm，确保雨水优先进入蓄渗装置。
5. 蓄渗装置Ⅰ型底部渗透面宜高于地下水季节性最高水位1m以上，否则应加设防渗膜（两布一膜）。

海绵型道路设计图 （海绵型人行道+蓄渗装置）	图集号	2019沪L003 2019沪S701
	页	8

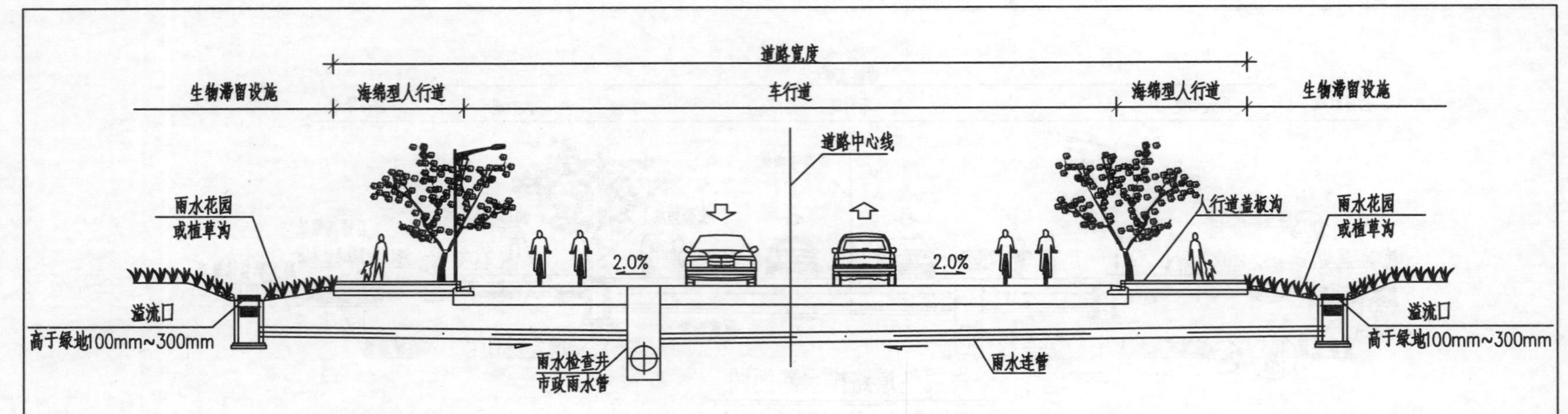
道路宽度
生物滞留设施
海绵型人行道
车行道
海绵型人行道
生物滞留设施
道路中心线
雨水花园
或植草沟
人行道盖板沟
雨水花园
或植草沟
2.0%
2.0%
溢流口
高于绿地100mm~300mm
雨水检查井
市政雨水管
雨水连管
溢流口
高于绿地100mm~300mm

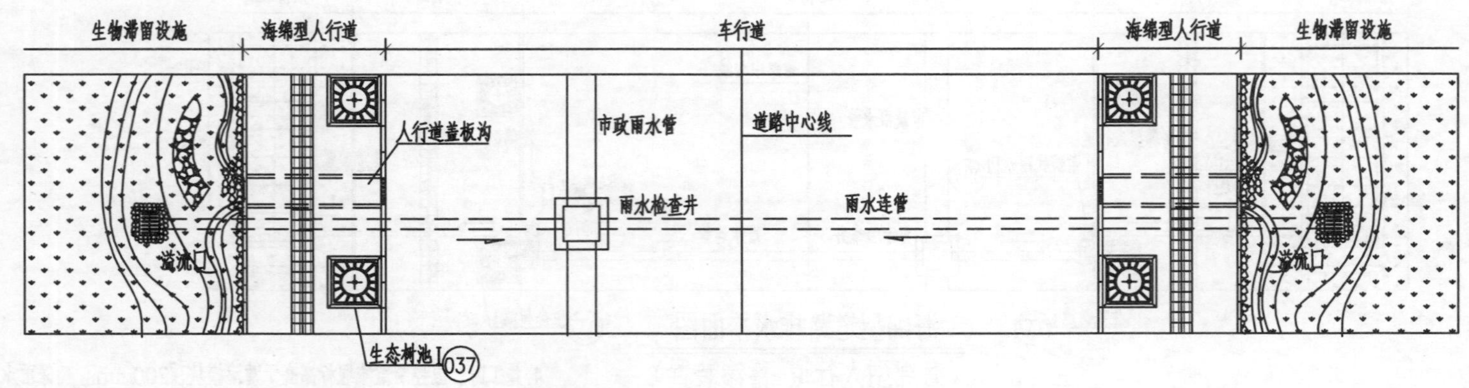
生物滞留设施
海绵型人行道
车行道
海绵型人行道
生物滞留设施
人行道盖板沟
市政雨水管
道路中心线
雨水检查井
雨水连管
溢流口
溢流口
生态树池Ⅰ 037

说明：

1.本图所示后排绿地标高低于道路，绿地内设生物滞留设施，深度应满足溢流要求。

2.该海绵型道路雨水排放模式为：人行道雨水一方面通过透水路面及生态树池下渗，另一方面漫流排入道路绿带内生物滞留设施；车行道雨水通过人行道盖板暗沟流入后排绿地内的生物滞留设施，超过设施滞蓄能力的雨水通过溢流口排入市政雨水管。

海绵型道路设计图 （海绵型人行道+生物滞留设施）	图集号	2019沪L003 2019沪S701
	页	9

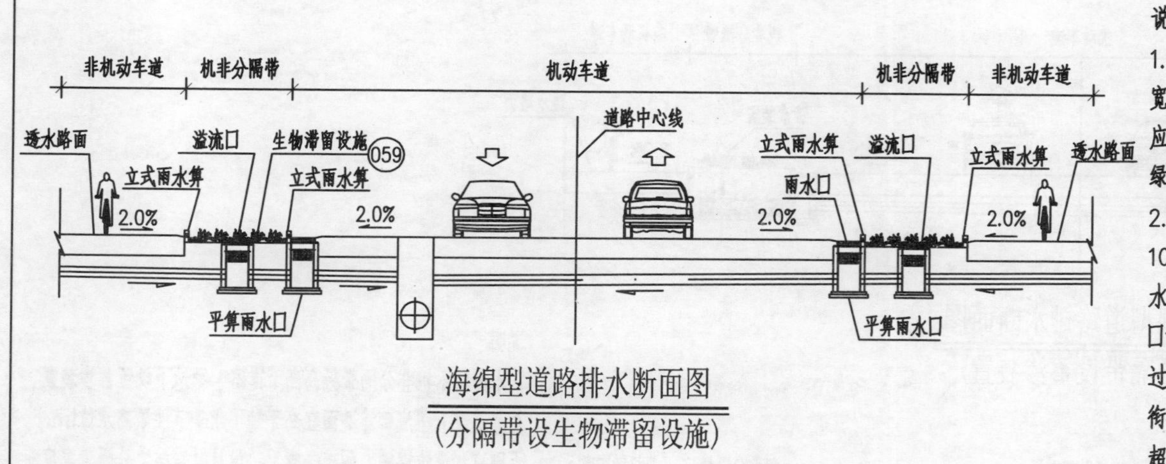
非机动车道
机非分隔带
机动车道
机非分隔带
非机动车道
道路中心线
透水路面
溢流口
生物滞留设施
059
立式雨水箅
立式雨水箅
2.0%
2.0%
2.0%
2.0%
平箅雨水口
立式雨水箅
溢流口
雨水口
立式雨水箅
透水路面
平箅雨水口

海绵型道路排水断面图
(分隔带设生物滞留设施)

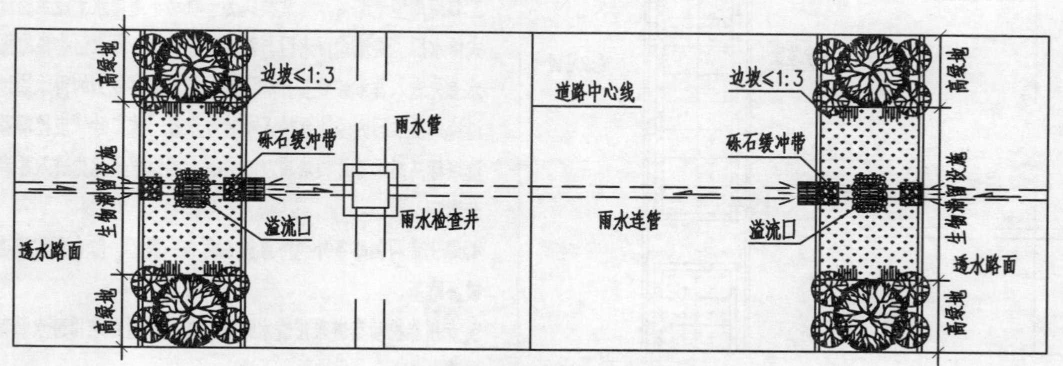
高绿地
边坡≤1:3
砾石缓冲带
生物滞留设施
溢流口
透水路面
高绿地
雨水管
雨水检查井
道路中心线
雨水连管
边坡≤1:3
砾石缓冲带
溢流口
生物滞留设施
透水路面
高绿地

海绵型道路排水平面图
(分隔带设生物滞留设施)

说明：

1.本图所示机非绿化分隔带标高低于道路。设计时需核实分隔带宽度满足设置生物滞留设施，当绿化隔离带规划种植乔木时，不应设置生物滞留设施，但绿化隔离带两侧立缘石顶部标高宜高于绿化种植土30mm~50mm。

2.机非分隔带内的生物滞留设施宜分段设置，设施长度一般为10m~15m，设施间隔和深度根据设计确定，用于蓄存和下渗雨水。生物滞留设施的雨水进水口与道路雨水口设置相结合，雨水口设为联箅式，平箅收水能力应小于立箅40%以上。路面径流通过立式雨水箅进入生物滞留设施。绿地内设溢流口与市政雨水管衔接，溢流口高于绿地下凹处100mm~300mm且不高于路面，超过滞蓄能力的雨水通过溢流口进入市政雨水管。联箅雨水口可防止污染较严重的机动车道初期径流进入生物滞留设施。对交通流量较小、地面较清洁的机动车道，可不采用联箅雨水口的设计。

3.机非分隔带两侧路基外包防渗膜（两布一膜），防止雨水渗透破坏路基，做法见生物滞留设施设计图。

4.专用非机动车道采用透水路面，铺装类型可采用透水沥青或透水混凝土，促进雨水下渗。

5.机非分隔带宽度应保证生物滞留设施不影响道路结构布置。

6.该海绵型道路雨水排放模式为：非机动车道雨水一方面通过透水路面下渗，另一方面通过立式雨水箅排入机非分隔带内生物滞留设施；车行道雨水通过立式雨水箅排入机非分隔带内生物滞留设施，超过绿地滞蓄能力的雨水通过溢流口排入市政雨水管。

海绵型道路设计图 (分隔带设生物滞留设施)	图集号	2019沪L003 2019沪S701
	页	10

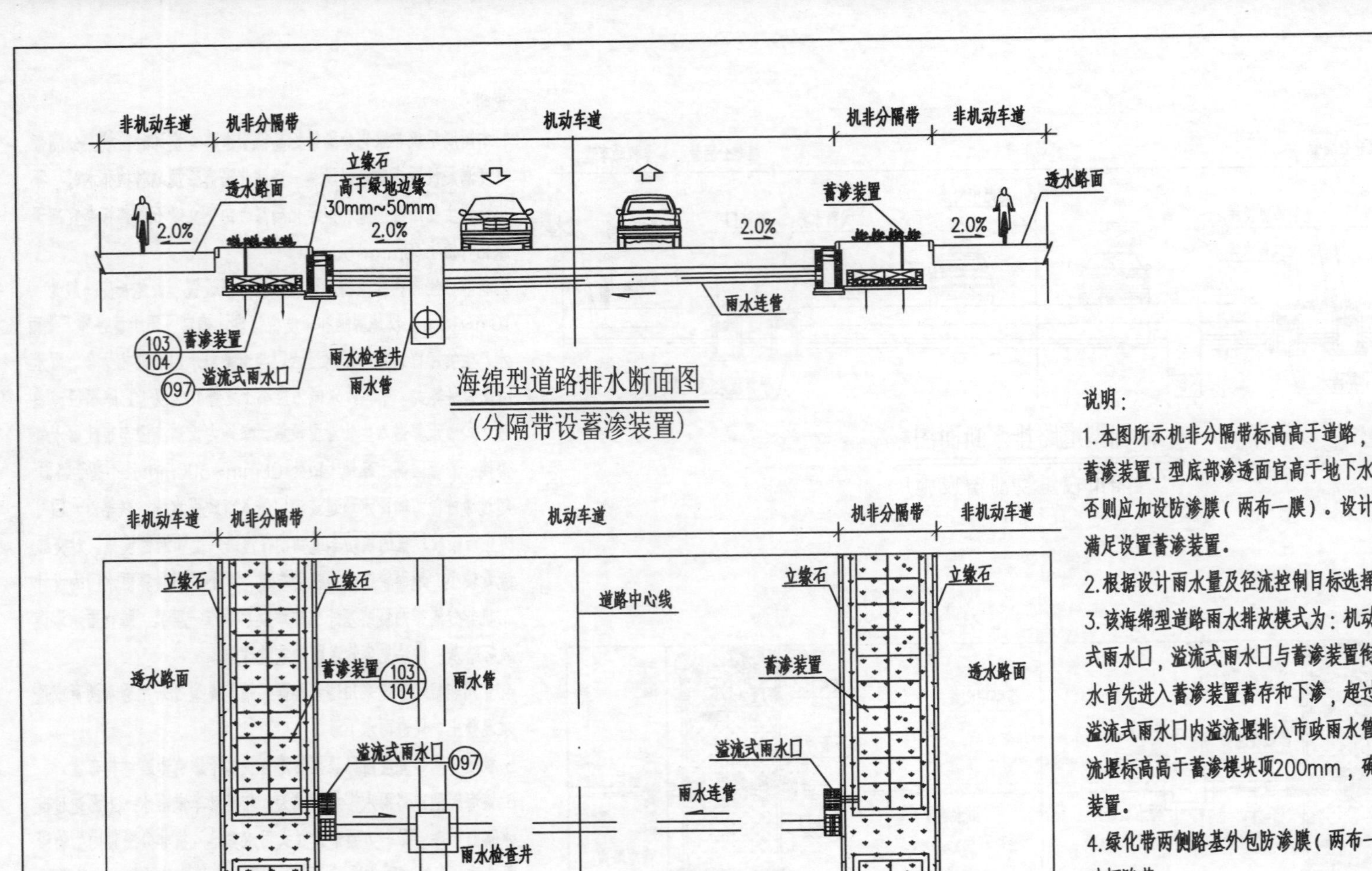
非机动车道
机非分隔带
机动车道
机非分隔带
非机动车道
立缘石
高于绿地边缘
30mm~50mm
透水路面
2.0%
2.0%
2.0%
2.0%
蓄渗装置
透水路面
雨水连管
103
104
蓄渗装置
雨水检查井
097
溢流式雨水口
雨水管
非机动车道
机非分隔带
机动车道
机非分隔带
非机动车道
立缘石
立缘石
道路中心线
立缘石
立缘石
透水路面
蓄渗装置
103
104
雨水管
蓄渗装置
透水路面
溢流式雨水口
097
溢流式雨水口
雨水连管
雨水检查井

海绵型道路排水断面图
(分隔带设蓄渗装置)

海绵型道路排水平面图
(分隔带设蓄渗装置)

说明:

1.本图所示机非分隔带标高高于道路，绿地下设置蓄渗装置，蓄渗装置Ⅰ型底部渗透面宜高于地下水季节性最高水位1m，否则应加设防渗膜(两布一膜)。设计时需核实分隔带宽度满足设置蓄渗装置。

2.根据设计雨水量及径流控制目标选择合适的模块单元数。

3.该海绵型道路雨水排放模式为:机动车道雨水汇流至溢流式雨水口，溢流式雨水口与蓄渗装置衔接，雨水口收集的雨水首先进入蓄渗装置蓄存和下渗，超过蓄渗能力的雨水通过溢流式雨水口内溢流堰排入市政雨水管。施工时，应控制溢流堰标高高于蓄渗模块顶200mm，确保雨水优先进入蓄渗装置。

4.绿化带两侧路基外包防渗膜(两布一膜)，防止雨水渗透破坏路基。

5.专用非机动车道采用透水路面，铺装类型可采用透水沥青或透水混凝土，促进雨水下渗。

海绵型道路设计图 (分隔带设蓄渗装置)	图集号	2019沪L003 2019沪S701
	页	11

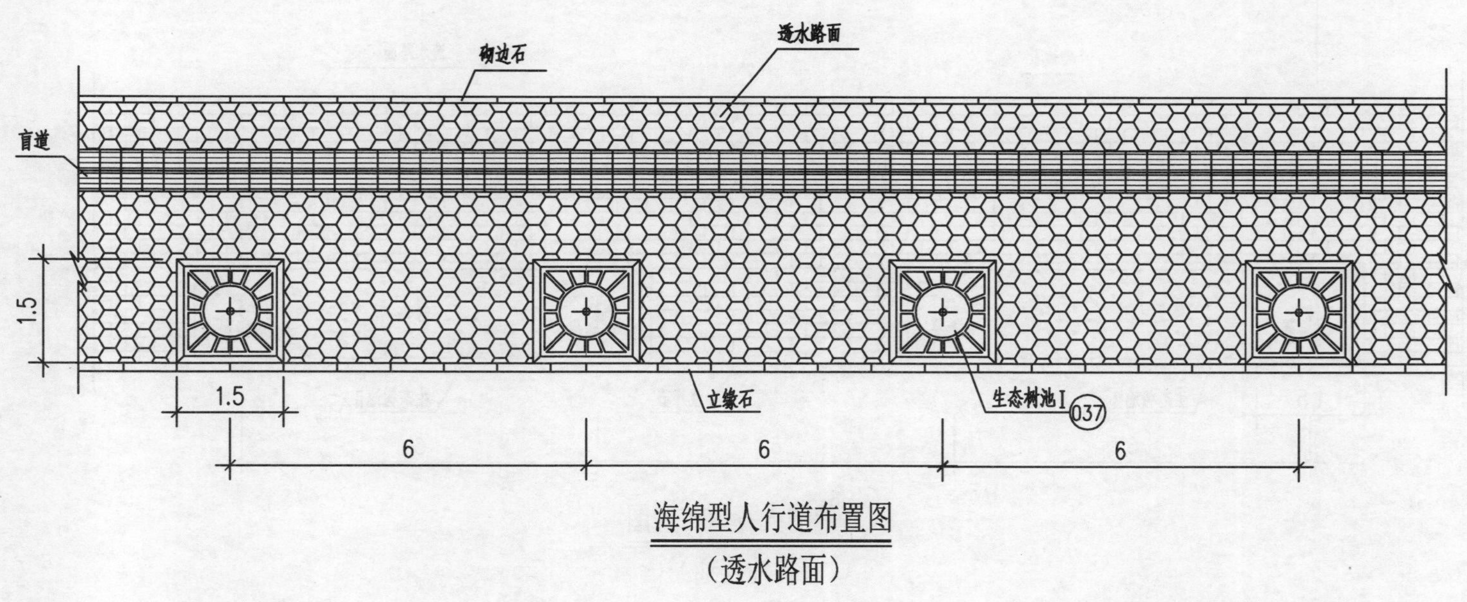

砌边石
透水路面
盲道
1.5
1.5
立缘石
生态树池Ⅰ
037
6
6
6

海绵型人行道布置图

（透水路面）

说明：

1.本图尺寸均以m为单位。

2.人行道遇邮筒、报亭、路灯、小区进出口等处不采用透水路面。

海绵型人行道布置图（透水路面）	图集号	2019沪L003 2019沪S701
	页	12

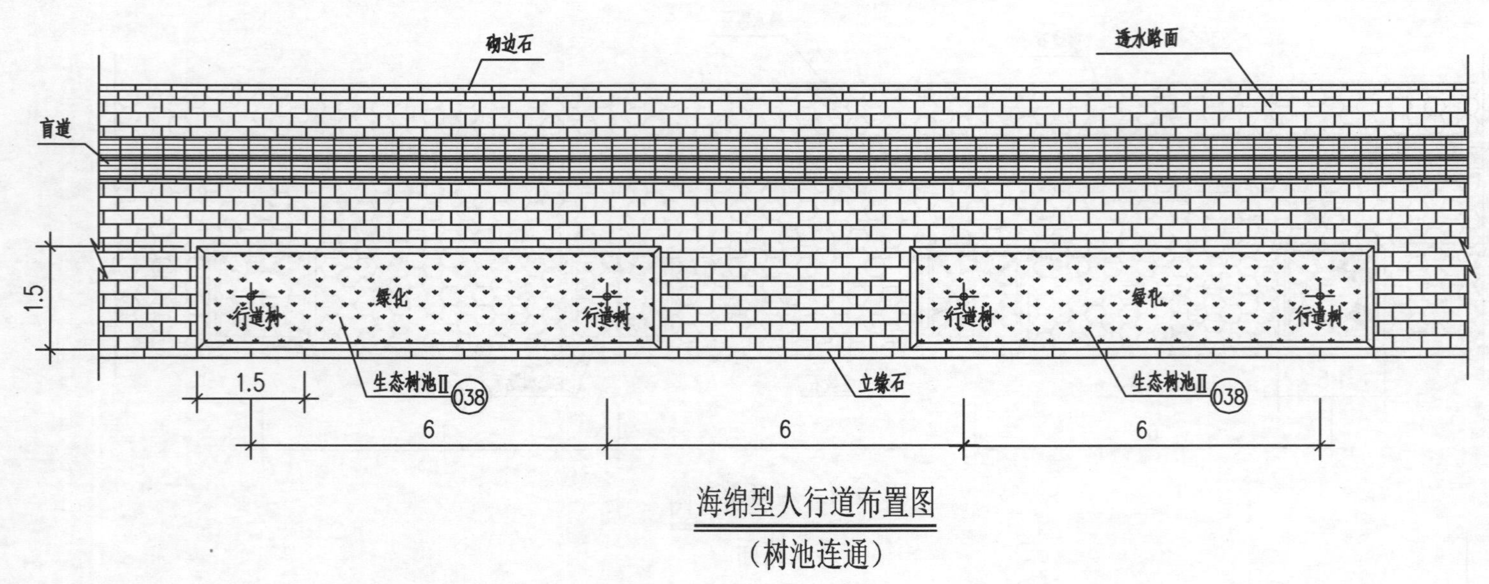
砌边石
透水路面
盲道
1.5
绿化
行道树
行道树
绿化
行道树
行道树
1.5
生态树池Ⅱ 038
立缘石
生态树池Ⅱ 038
6
6
6

海绵型人行道布置图

（树池连通）

说明：

1.本图尺寸均以m为单位。

2.人行道遇邮筒、报亭、路灯、小区进出口等处不采用透水路面。

海绵型人行道布置图（树池连通）	图集号	2019沪L003 2019沪S701
	页	13

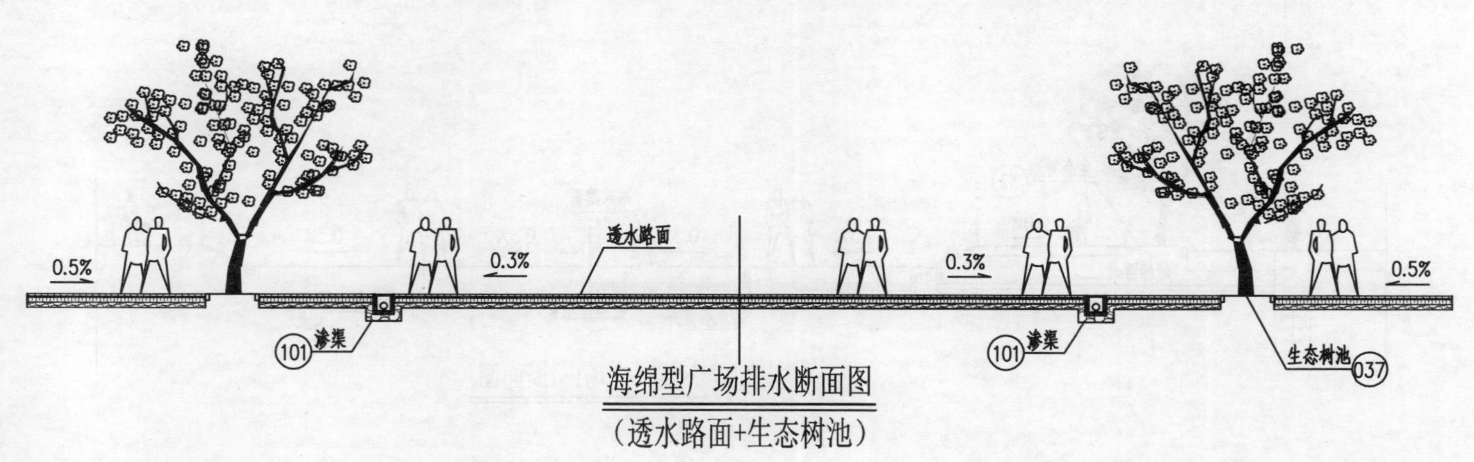
0.5%
0.3%
透水路面
0.3%
0.5%
101 渗渠
101 渗渠
生态树池 037

海绵型广场排水断面图

（透水路面+生态树池）

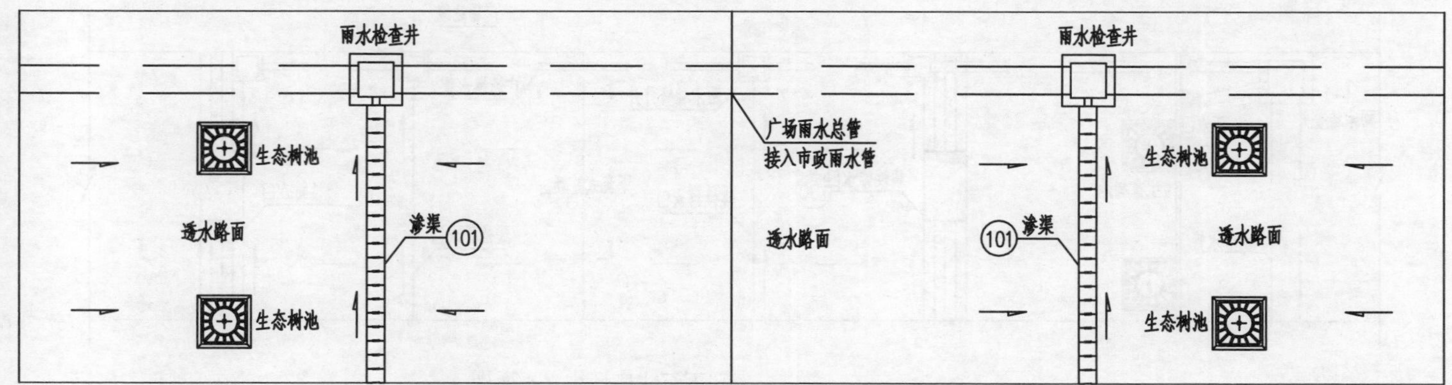
雨水检查井
雨水检查井
广场雨水总管
接入市政雨水管
生态树池
生态树池
透水路面
渗渠 101
透水路面
101 渗渠
透水路面
生态树池
生态树池

说明：

1.本图中箭头方向表示水流方向。

2.广场渗透采用透水路面、生态树池、渗渠等措施。

3.渗渠适用于底部渗透面高于地下水季节性最高水位1m的场合。

海绵型广场排水平面图

（透水路面+生态树池）

海绵型广场设计图 （透水路面+生态树池）	图集号	2019沪L003 2019沪S701
	页	14

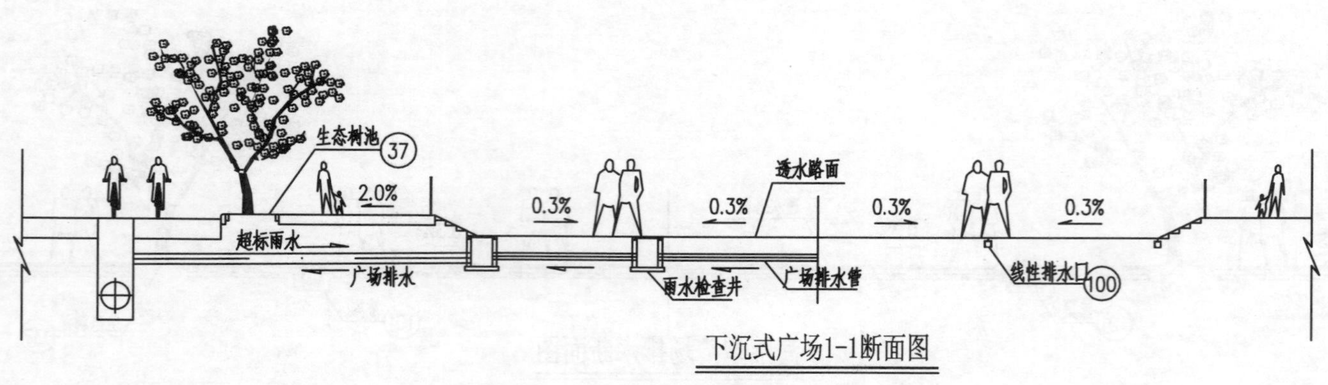
生态树池
37
2.0%
0.3%
透水路面
0.3%
0.3%
0.3%
超标雨水
广场排水
雨水检查井
广场排水管
线性排水口
100

下沉式广场1-1断面图

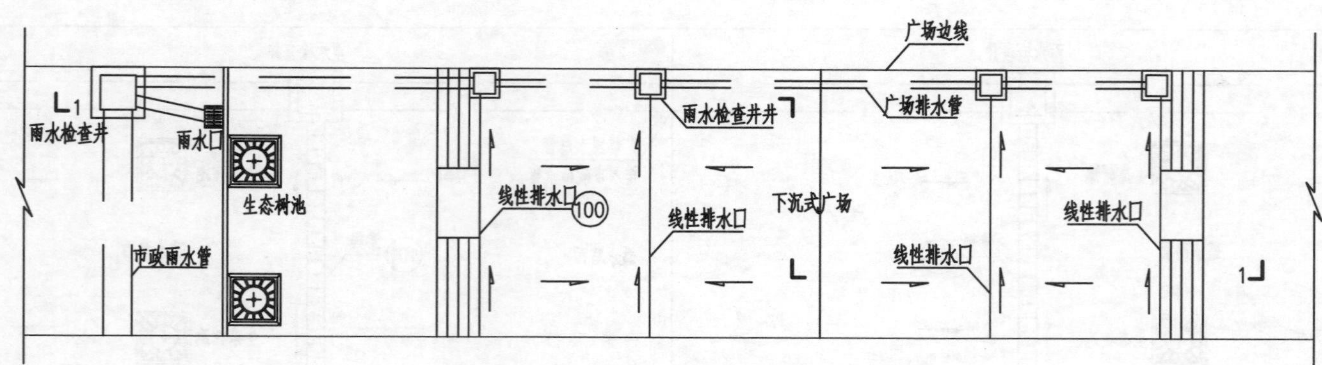
广场边线
1
雨水检查井
雨水口
生态树池
广场排水管
雨水检查井井
线性排水口
100
线性排水口
下沉式广场
线性排水口
线性排水口
市政雨水管
1

下沉式广场排水平面图

说明：

1.本图中箭头方向表示水流方向。

2.本图适用于下沉式广场作为排涝除险设施，防止道路在暴雨期间积水。

3.本图适用于满足重力流排水的下沉式广场，雨停后管网水位下降，广场内雨水自流排空；当下沉式广场较深时，雨水检查井内设存水泵，雨水经提升后排入市政雨水管。

海绵型广场设计图 （下沉式广场）	图集号	2019沪L003 2019沪S701
	页	15

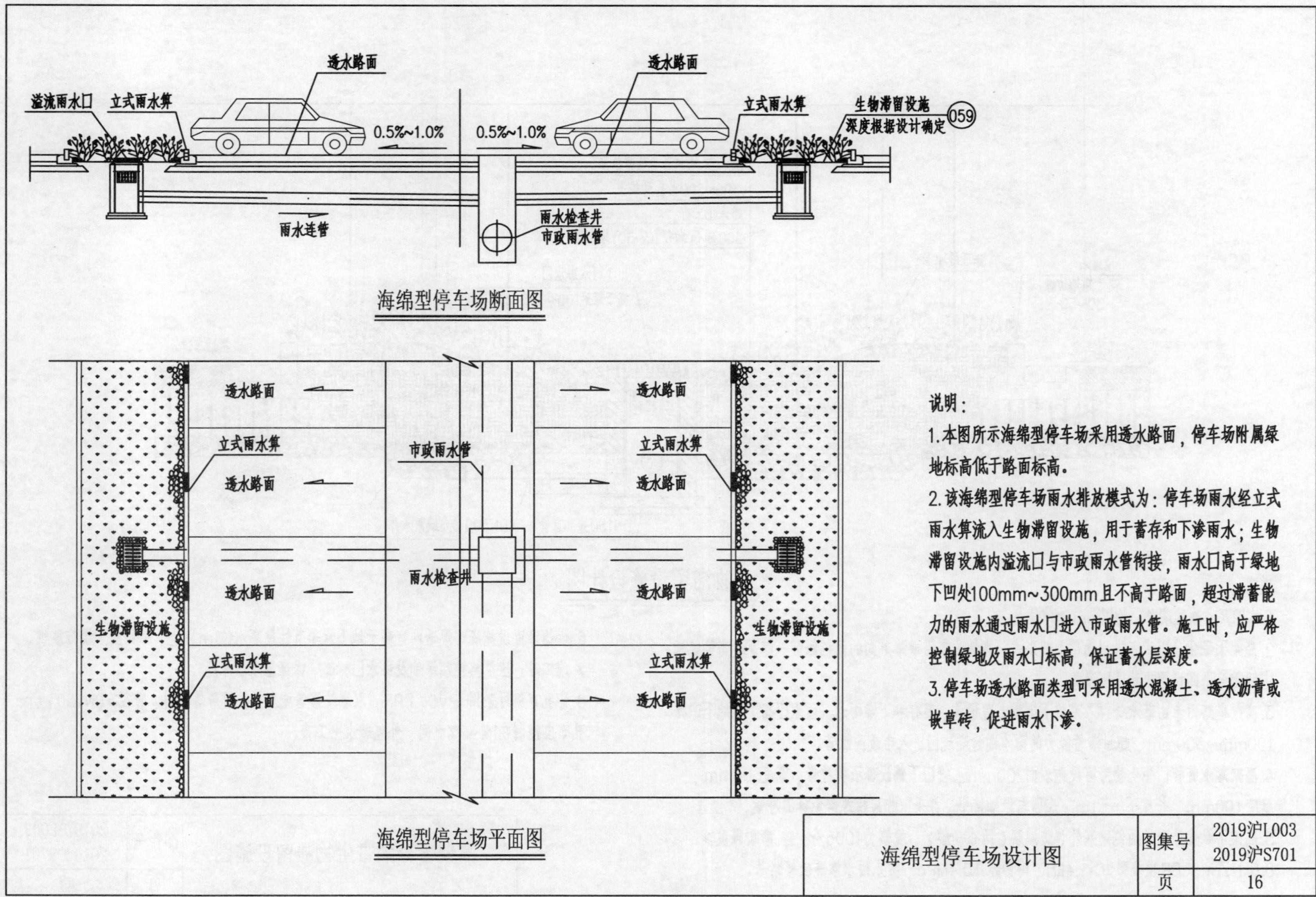
透水路面
透水路面
溢流雨水口
立式雨水箅
立式雨水箅
生物滞留设施
深度根据设计确定
059
0.5%~1.0%
0.5%~1.0%
雨水连管
雨水检查井
市政雨水管
透水路面
透水路面
立式雨水箅
立式雨水箅
市政雨水管
透水路面
透水路面
雨水检查井
透水路面
透水路面
生物滞留设施
生物滞留设施
立式雨水箅
立式雨水箅
透水路面
透水路面

海绵型停车场断面图

海绵型停车场平面图

说明：

1. 本图所示海绵型停车场采用透水路面，停车场附属绿地标高低于路面标高。

2. 该海绵型停车场雨水排放模式为：停车场雨水经立式雨水箅流入生物滞留设施，用于蓄存和下渗雨水；生物滞留设施内溢流口与市政雨水管衔接，雨水口高于绿地下凹处100mm~300mm且不高于路面，超过滞蓄能力的雨水通过雨水口进入市政雨水管。施工时，应严格控制绿地及雨水口标高，保证蓄水层深度。

3. 停车场透水路面类型可采用透水混凝土、透水沥青或嵌草砖，促进雨水下渗。

海绵型停车场设计图	图集号	2019沪L003 2019沪S701
	页	16

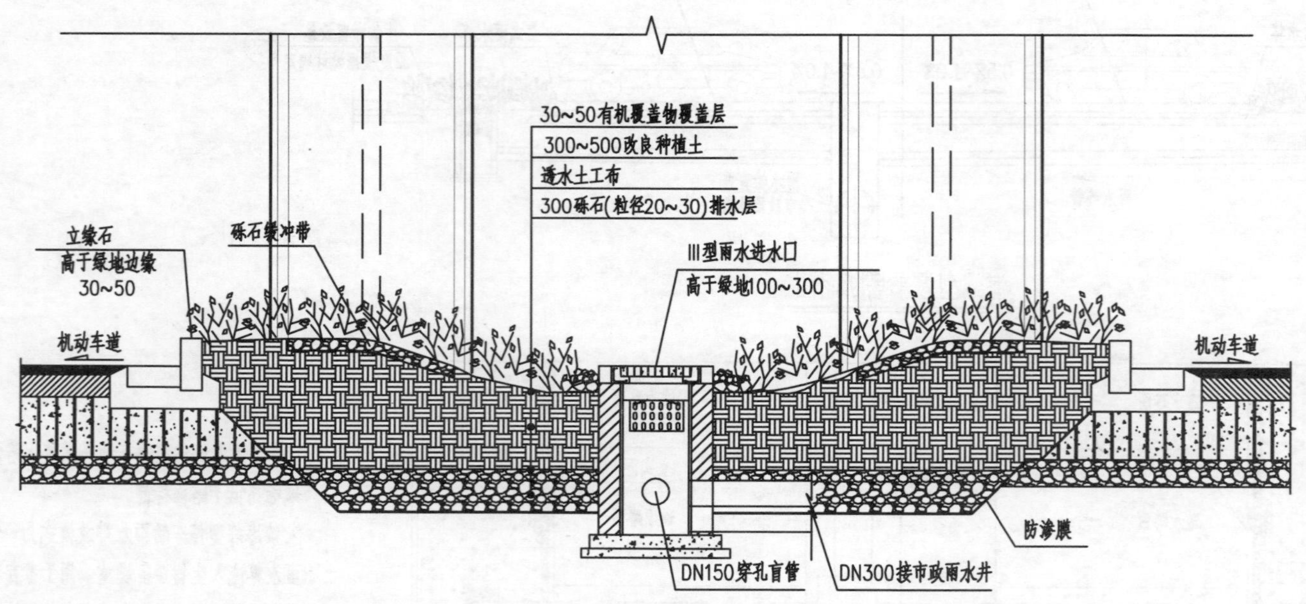
30~50有机覆盖物覆盖层
300~500改良种植土
透水土工布
300砾石(粒径20~30)排水层
立缘石
高于绿地边缘
30~50
砾石缓冲带
Ⅲ型雨水进水口
高于绿地100~300
机动车道
机动车道
防渗膜
DN150穿孔盲管
DN300接市政雨水井

生物滞留设施设计图

说明：

1. 本图尺寸除注明外，均以mm为单位。
2. 高架下绿化分隔带宜采用局部下凹形式，在绿化带沿道路方向的两侧保留一定宽度高势绿地，中间部分下凹设置生物滞留设施。
3. 高架道路雨水由落水管排入高架下生物滞留设施，蓄存和下渗雨水；雨水口高于绿地下凹处100mm~300mm，超过滞蓄能力的雨水通过溢流口进入市政雨水管。
4. 高架落水管管口距生物滞留设施表面200mm，管口下铺设砾石缓冲带，宽度600mm，厚度100mm，长度不小于1m，表面与绿地持平，并采取相应措施避免砾石冲散。
5. 高架下绿化分隔带两侧路基外包防渗膜（两布一膜），规格为400g/m^2，断裂强度≥8.0kN/m，CBR顶破强力≥1.4kN，耐静水压0.4MPa，防止雨水渗透破坏路基。
6. 生物滞留设施底部渗透面宜高于地下水季节性最高水位1m以上，否则应加设防渗膜。
7. 施工时，应严格控制绿地及雨水口标高，保证蓄水层深度。
8. 穿孔盲管可采用UPVC、PPR、双螺纹渗管或双壁波纹管等材料，管径≥DN150，开孔率应控制在1%~3%之间，外包透水土工布。

高架下分隔带生物滞留设施图	图集号	2019沪L003 2019沪S701
	页	17

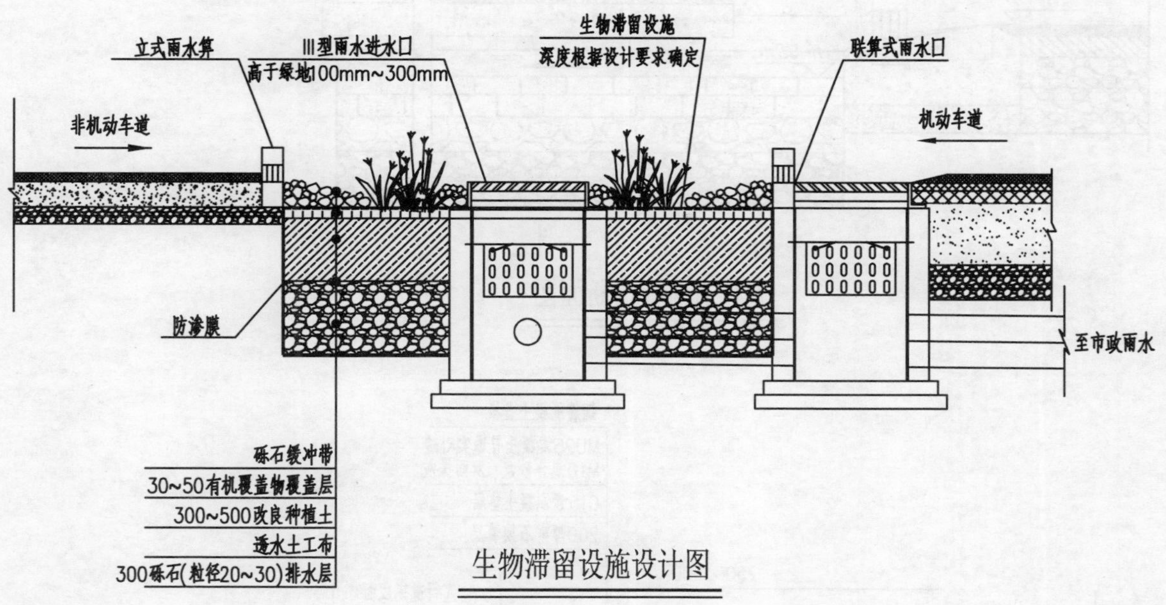
立式雨水箅
Ⅲ型雨水进水口
高于绿地100mm~300mm
生物滞留设施
深度根据设计要求确定
联箅式雨水口
非机动车道
机动车道
防渗膜
至市政雨水
砾石缓冲带
30~50有机覆盖物覆盖层
300~500改良种植土
透水土工布
300砾石(粒径20~30)排水层

生物滞留设施设计图

说明：

1.本图尺寸除注明外，均以mm为单位。

2.机非分隔带内的生物滞留设施分段设置，设施长度一般为10m~15m，深度根据设计确定，用于蓄存和下渗雨水，生物滞留设施的进水口与道路雨水口设置相结合，雨水口设为联箅式，平箅收水能力应小于立箅40%以上。联箅雨水口可防止污染较严重的机动车道初期径流进入生物滞留设施。对交通流量较小、地面较清洁的机动车道，可不采用联箅雨水口的设计。路面径流通过立式雨水箅进入生物滞留设施。绿地内设溢流口与市政雨水管衔接，雨水口高于绿地下凹处100mm~300mm且不高于路面，超过滞蓄能力的雨水通过雨水口进入市政雨水管。施工时，应严格控制绿地及雨水口标高，保证蓄水层深度。生物滞留设施进水处铺设砾石带，对雨水净化和缓冲，防止雨水直接冲刷植被，并采取相应措施避免砾石冲散。

3.生物滞留设施下部结构层外包防渗膜（两布一膜），规格为400g/m^2，断裂强度≥8.0kN/m，CBR顶破强力≥1.4kN，耐静水压0.4MPa，防止雨水渗透破坏路基。

4.生物滞留设施底部渗透面宜高于地下水季节性最高水位1m以上，否则应加设防渗膜（两布一膜）。

5.施工时，应严格控制绿地及雨水口标高，保证蓄水层深度。

6.机非分隔带宽度应保证生物滞留设施不影响道路结构布置。

7.穿孔盲管可采用UPVC、PPR、双螺纹渗管或双壁波纹管等材料，管径≥DN150，开孔率应控制在1%~3%之间，外包透水土工布。

机非分隔带生物滞留设施图	图集号	2019沪L003 2019沪S701
	页	18

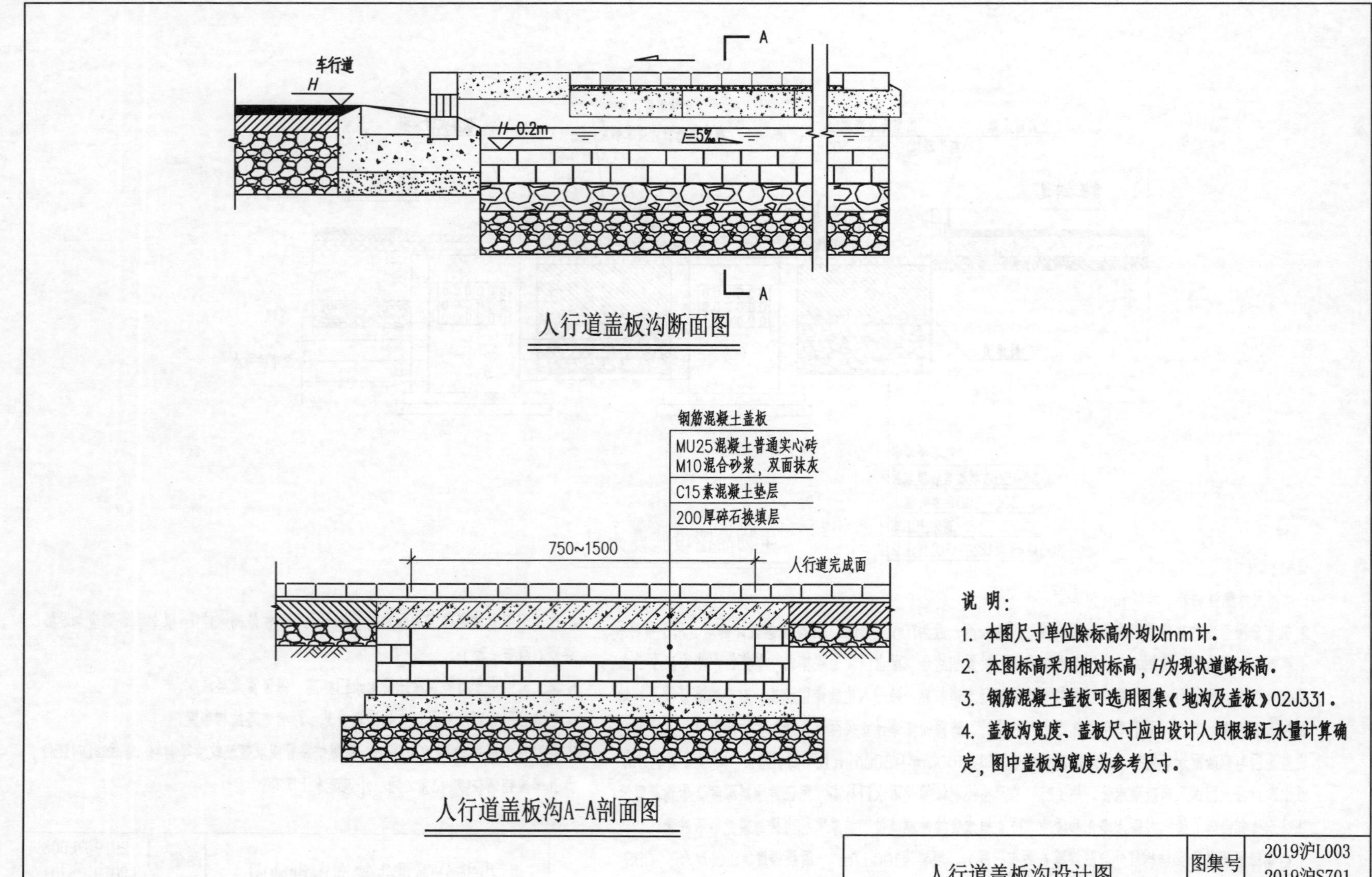

车行道
H
A
H-0.2m
i=5‰
A
人行道盖板沟断面图
钢筋混凝土盖板
MU25混凝土普通实心砖
M10混合砂浆，双面抹灰
C15素混凝土垫层
200厚碎石换填层
750~1500
人行道完成面
人行道盖板沟A-A剖面图

说 明：

1. 本图尺寸单位除标高外均以mm计。
2. 本图标高采用相对标高，*H*为现状道路标高。
3. 钢筋混凝土盖板可选用图集《地沟及盖板》02J331。
4. 盖板沟宽度、盖板尺寸应由设计人员根据汇水量计算确定，图中盖板沟宽度为参考尺寸。

人行道盖板沟设计图	图集号	2019沪L003 2019沪S701
	页	19

水务系统

批准部门 上海市住房和城乡建设管理委员会　　批准文号 沪建标定[2020]36号

主编单位 上海勘测设计研究院有限公司　　统一编号 DBJT 08-128-2019

上海市政工程设计研究总院（集团）有限公司

实施日期 2020年6月1日　　图 集 号 2019沪L003 2019沪S701

主编单位负责人 王如[签名]

主编单位技术负责人 [签名]

技术审定人 [签名]

设计负责人 [签名]

目 录

目录	图集号	2019沪L003 2019沪S701
	页	1

说　明

一、编制说明

水务系统图纸需与总说明、通用设施的图纸一并使用。

二、编制依据

《防洪标准》	GB 50201
《堤防工程设计规范》	GB 50286
《土工合成材料应用技术规范》	GB 50290
《城市水系规划规范》	GB 50513
《河道整治设计规范》	GB 50707
《地表水环境质量标准》	GB 3838
《渠道防渗工程技术规范》	GB/T 50600
《城市防洪工程设计规范》	GB/T 50805
《疏浚与吹填工程技术规范》	SL 17
《水工混凝土结构设计规范》	SL 191
《水工建筑物抗震设计规范》	SL 203
《堤防工程施工规范》	SL 260
《水工挡土墙设计规范》	SL 379
《上海市中小河道综合整治和长效管理工作导则》	SSH/Z10008-2017

三、适用范围

本图集适用于上海建成区或规划区范围内的河湖海绵城市建设项目，包括新建、改建生态岸线及水体原位净化类项目。

四、技术要求

1.一般规定

海绵型生态河道设计主要包括滨水空间布置、水位调蓄控制、生态岸线设计及水体原位净化设计四部分内容。

2.滨水空间布置

（1）滨水空间布置应尽量保护现状河流、湖泊、湿地、坑塘、沟渠等城市自然水体，充分利用现有水体，减少人工干扰。在平面形态上应体现结构多样性、自然性、综合性的要求。注重恢复水系的自然形态和自然景观，特别是恢复河道纵向的蜿蜒性和河道断面的多样性，防止河流的渠道化和园林化。

（2）应充分利用城市自然水体设计湿塘、雨水湿地等具有雨水调蓄与净化功能的低影响开发设施，充分利用城市水系滨水绿化控制线范围内的城市公共绿地，统筹考虑流域、河流水体功能、水环境容量、水深条件、排水口布局、竖向等因素，在滨水绿化控制区内设置湿塘、湿地、植被缓冲带、生物滞留设施、调蓄设施等低影响开发设施调蓄、净化径流雨水，并与城市雨水管渠的水系入口、经过或穿越水系的城市道路的排水口相衔接。

滨水区规划布局应有利于形成坡向水体的超标雨水径流行泄通道，并结合周边地势特点明确滨水规划区道路及滨水绿化控制线范围内的竖向控制要求。滨水绿化控制线范围内的区域宜作为超标雨水的短时蓄滞空间。

3.水位调蓄控制

（1）水位调蓄控制应以周边已建或规划建设地块控制标高情况为依据，综合考虑生态、景观、排水防涝等功能，结合源头及过程中海绵措施对径流总量及峰值的控制，在确定常水位、预降水位、设计高水位的基础上，合理确定超标调蓄水位。

（2）湿塘、雨水湿地的调蓄水位等应与城市上游雨水管渠系统、超标雨水径流排放系统及下游水系相衔接。

（3）超标雨水径流调蓄应充分利用蓝线和滨水绿化带之间的滞蓄空间，增强城市应对超标暴雨的整体韧性。

4.生态岸线设计

生态岸线设计包括植被缓冲带、生态护岸、已建硬质护岸的生态改造、生境构建、排口衔接设计等内容。

（1）陆域缓冲带范围为陆域控制线到水体常水位边线或者挡墙边线之间的区域，主要设置有：排水管、陆域植物群落、海绵设施及功能设施。其中防汛通道、游步道、慢行道、休憩平台等采用的透水铺装、人工湿地、生物滞留设施、植草沟等海绵设施的设计参见本图集相应详图。

（2）陆域缓冲带应尽量保留和利用原有滨岸带的植物群落，特别是古树名木和体形较好的孤植树；其次配置陆域植物群落宜遵循土著 物种优先、提高生物多样性等原则，利用不同物种在空间、时间上的分异特征进行配置，形成为乔、灌、草错落有致、季相分明的多层次立体化结构，特别是地被植物宜选择覆盖率高、拦截吸附性能好的物种。具有拦截净化功能的陆域缓冲带坡度不宜超过4%。

（3）生态护岸是指在满足结构安全及自身稳定的前提下，采用水土保持功能良好的植生土坡或生态材料建设的护坡或驳岸结构，可实现水陆横向连通及物质能量交换，能为水生生物提供良好的生境条件等功能。生态护岸应具有自然河岸“可渗透性”的特性，充分保证河岸与河流水体之间的水分交换和调节功能，同时应具有足够的抗冲刷能力。

（4）生态河道断面应结合周边地块的开发利用情况、水体的水文特征、可利用空间及景观需求等，采用多样化的断面形式，合理选择生态护岸材料。

（5）对于水土流失不严重、水位变动幅度不大的水体，生态护岸材料防护的范围宜为常水位±0.3m；对于水土流失严重、水位变动幅度较大的水体，应分析论证岸坡采取防护的范围。

（6）对于受水流、风浪等作用较强影响以及沿岸有生产要求的河段，宜采用局部硬质护岸兼顾生态措施的方式进行设计。

（7）已建硬质护岸的生态改造设计，需确保不影响河道基本功能，所采用的措施必须确保已建护坡或挡墙的安全性及稳定性。可在硬质护岸临水侧河底设置定植设施或者投放种植槽等，局部构建适宜水生植物生长的生境，种植挺水、浮叶或沉水植物。挡墙顶部有绿化空间的，可在绿化空间内种植攀援植物或具有垂悬效果的藤状灌木等植被；挡墙顶部无绿化空间的，可在挡墙外沿墙面设置种植槽，槽内种植攀援植物或藤状灌木等植被。

（8）不同生态护岸材料的特性指标首先应执行国家、地方及行业内的相关规范标准；对没有相应规定的材料，在设计时应慎重采用，可通过材料的测试报告、应用条件、规模化工程案例的效果评估等资料，结合治理水体的水文特征、设计断面形式等核算该材料的边坡稳定性，根据核算成果提出生态驳岸材质的相关指标值，确保满足结构安全、稳定和耐久性等要求。

（9）生境构建应基于生物群落现状调查成果和水陆生态保护内容，在确保河道防洪排涝安全的前提下，按照自然性、功能性、多样性、整体性和经济性原则开展。

水生植物按生活型分为挺水植物、浮叶植物、漂浮植物和沉水植物四种，各类植物配置要点如下：挺水植物宜配置在河道水位变动带或浅水处，多数种植水深以0.4m以下为宜，种植方式可根据地形带状、丛状种植。

浮叶植物宜配置在水深0.5~1.0m的静水或低流速水域，种植方式可根据地形带状、块状种植。

漂浮植物原则仅在污染较为严重、并具备良好圈种条件的静水水域上适当针对性配置。

沉水植物宜配置在水深0.5m～2.0m、水体透明度较高的静水或低流速水域，水深过浅、透明度较小的河道不宜种植。

水生植物种植区覆盖比例应科学论证确定，对于易蔓延的水生植物品种宜采取定植措施加以控制，避免泛滥繁殖，破坏水生态平衡，可根据物种及河道地貌条件采用隔离或水深控制措施。

水生动物应视河道生态情况，选用滤食性和碎屑食性为主的鱼类和底栖动物，适当配置肉食性鱼类。在种植沉水植物的河段，生态系统尚未稳定期间应控制草食性鱼类的投放。应禁止投放外来物种。对于投放鱼类的工程河段，两端需采用透水强的拦截设施，控制鱼类的活动范围，在河段周边醒目处需设置禁捕标志。应考虑水生动物的繁殖能力和水体中已有水生动物的数量，投放的数量不宜过多。

（10）排口衔接设计应符合下列规定：

a.城市水系禁止新增污水排口，新增雨水排口应建设面源控制措施，并进行水质监测，不超过受纳水体水质管理目标。

b.雨水管排水口末端周围应考虑利用自然生态活性填料工艺或其他过滤设施进行普通的物理截污；有条件进行生态处理（雨水塘、雨水湿地、生物浮岛等形式）。经上述设施滞留净化后再排入受纳水体。

c.现有排口整治设计中，应结合汇水范围内的源头海绵性改造措施，根据不同排水体制的要求，设置初期雨水调蓄池、截污管涵等工程措施进行末端污染控制。

5.水体原位净化设计

（1）河湖水质原位净化技术的主要内容包括机械增氧、生态浮床、生物膜、水体循环等。宜根据水体规模、水文条件、污染物削减要求等选择一种或者多种组合技术，有效改善水体水质。

（2）当水体溶解氧低于3mg/L且流速较小时，可采用人工增氧技术，应考虑控制增氧量，避免过高增氧而浪费能耗，一般控制水体的溶解氧含量在5mg/L为宜，可为水生动物提供良好的生境。

（3）生态浮床技术用于水深较深、透明度较低，水生植物种植及存活较困难的水体；对于上游来水水质较差的河道，可作为先锋技术逐步改善水体水质。

（4）生物膜净化技术宜在水质较差、流速低的水体中使用。

（5）水体循环技术一般用于水体流动缓慢或者封闭水体，利用动力设施实现水体垂直循环或水平微循环等。

6.图中的海绵设施及净化设施均为可选技术，宜根据城市面源径流污染情况、水体的水质净化要求及陆域缓冲带的宽度等，选用单项或者多项技术组合，确保达到设计目标。

7.应定期开展监测监控和维护管理，保障各设施功能的正常发挥。

8.未尽事宜，应按国家和地方现行有关规范、标准、技术文件等执行。

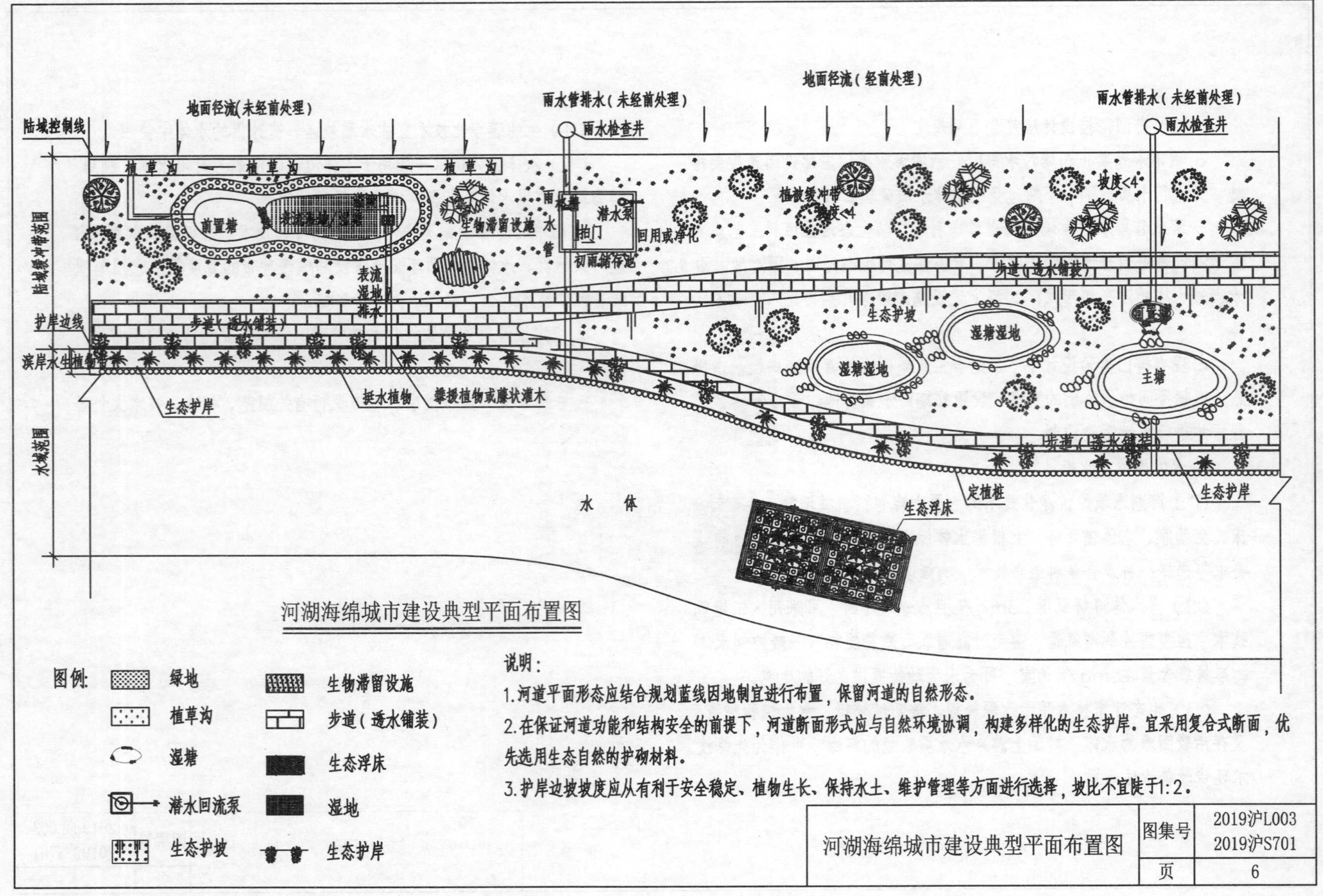

地面径流（未经前处理）
雨水管排水（未经前处理）
地面径流（经前处理）
雨水管排水（未经前处理）
陆域控制线
雨水检查井
雨水检查井
植草沟
植草沟
植草沟
前置塘
表流湿地/湿塘
生物滞留设施
雨水管
潜水泵
拍门
回用或净化
初雨储存池
植被缓冲带
坡度<4
坡度<4
陆域缓冲带范围
表流湿地排水
步道（透水铺装）
步道（透水铺装）
步道（透水铺装）
生态护坡
湿塘湿地
湿塘湿地
主塘
护岸边线
滨岸水生植物
生态护岸
挺水植物
攀援植物或藤状灌木
水域范围
水体
定植桩
生态浮床
生态护岸

河湖海绵城市建设典型平面布置图

图例：

绿地	生物滞留设施
植草沟	步道（透水铺装）
湿塘	生态浮床
潜水回流泵	湿地
生态护坡	生态护岸

说明：

1. 河道平面形态应结合规划蓝线因地制宜进行布置，保留河道的自然形态。
2. 在保证河道功能和结构安全的前提下，河道断面形式应与自然环境协调，构建多样化的生态护岸。宜采用复合式断面，优先选用生态自然的护砌材料。
3. 护岸边坡坡度应从有利于安全稳定、植物生长、保持水土、维护管理等方面进行选择，坡比不宜陡于1:2。

河湖海绵城市建设典型平面布置图	图集号	2019沪L003 2019沪S701
	页	6

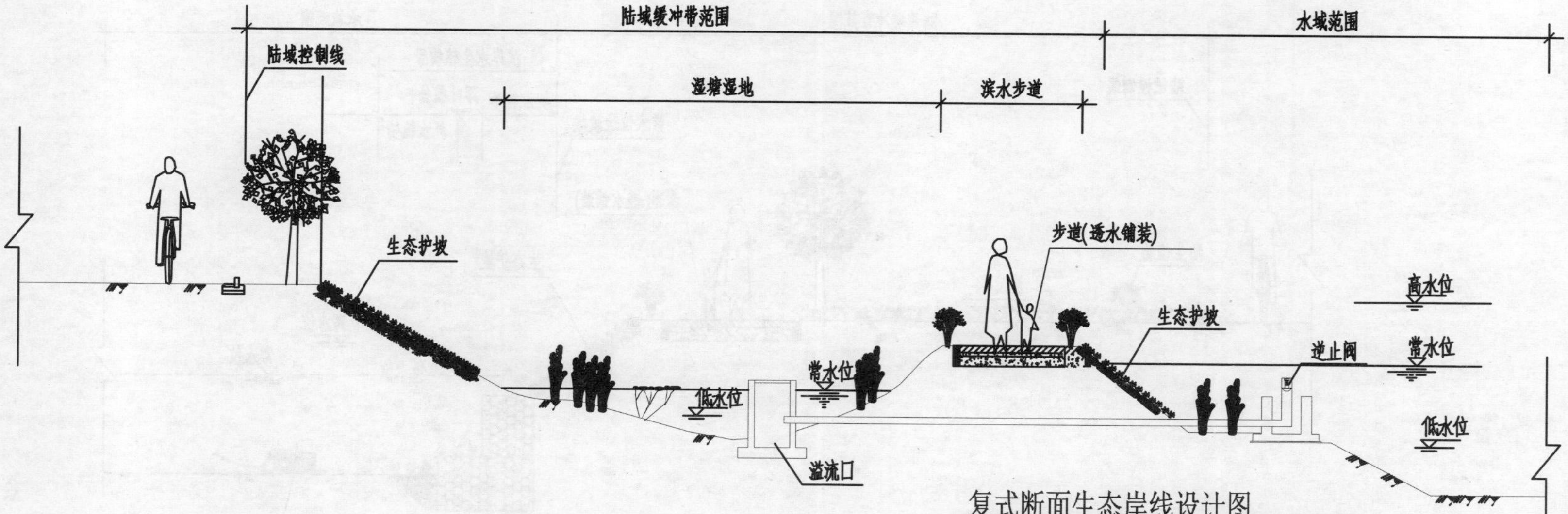

陆域缓冲带范围　水域范围

陆域控制线

湿塘湿地　滨水步道

生态护坡

步道(透水铺装)

高水位

生态护坡

逆止阀　常水位

常水位

低水位

低水位

溢流口

复式断面生态岸线设计图

(地表径流入流前经湿塘湿地处理)

实景意向图

说明：

1.本图适用于复式断面（或斜坡式）生态岸线及水体原位净化设计中，在河道两侧自然地势低洼、陆域缓冲带较宽的区域，利用湿塘湿地调蓄雨水的情况。

2.降雨时，当河道水位超过常水位，河道水从滨水步道漫进湿塘湿地，和河道一起上涨至河道最高水位。 湿塘容积可增大河道调蓄量。当河道常水位高于湿塘湿地内水位时，逆止阀处于关闭状态，反向不能进水。河道水位下降时，当湿塘湿地内水位高于河道水位，在排水管道内水压力作用下，逆止阀打开，排放湿塘内水体于河道。

3.湿塘湿地设置水生植物种植带、生态浮床、生物膜等净化设施，对排入的雨水及上游来水进行原位净化。

4.本图仅为构造示意图，设计时应针对设计目标，根据入流雨水及河湖上游来水的水质特点、水文特征以及陆域缓冲带宽度等，结合地形特点，选择适宜的护岸材料、海绵设施及原位净化设施等。

复式断面生态岸线设计图 (地表径流入流前经湿塘湿地处理)	图集号	2019沪L003 2019沪S701
	页	7

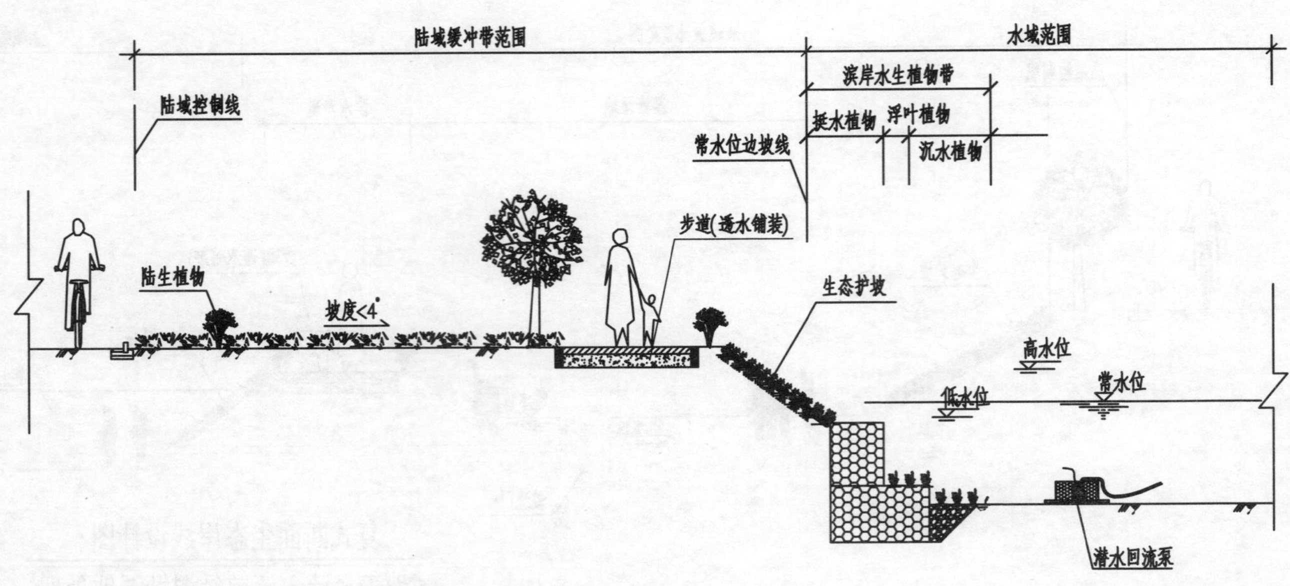
陆域缓冲带范围
水域范围
滨岸水生植物带
陆域控制线
挺水植物
浮叶植物
常水位边坡线
沉水植物
步道(透水铺装)
陆生植物
生态护坡
坡度<4°
高水位
常水位
低水位
潜水回流泵

复式断面生态岸线设计图

（地表径流入流前经处理）

说明：

1.本图适用于复式断面（或斜坡式）生态岸线及水体原位净化设计中，入流雨水已经渗、蓄、净等前处理的地表径流的情况。

2.地表径流在重力作用下，漫流通过坡度为小于4°的陆域植物群落，通过乔灌草的根系拦截、吸附及净化后排入水体。

3.视具体情况，在水域范围内选择性设置水生植物带、生态浮床、生物膜或潜水回流装置等净化设施，进一步对排入的地表径流及上游来水进行原位净化。

4.本图仅为构造示意图，设计时应针对设计目标，根据入流地表径流及河湖上游来水的水质特点、水文特征以及陆域缓冲带宽度等，结合地形特点，选择适宜的护岸材料、海绵设施及原位净化设施等。

复式断面生态岸线设计图 （地表径流入流前经处理）	图集号	2019沪L003 2019沪S701
	页	8

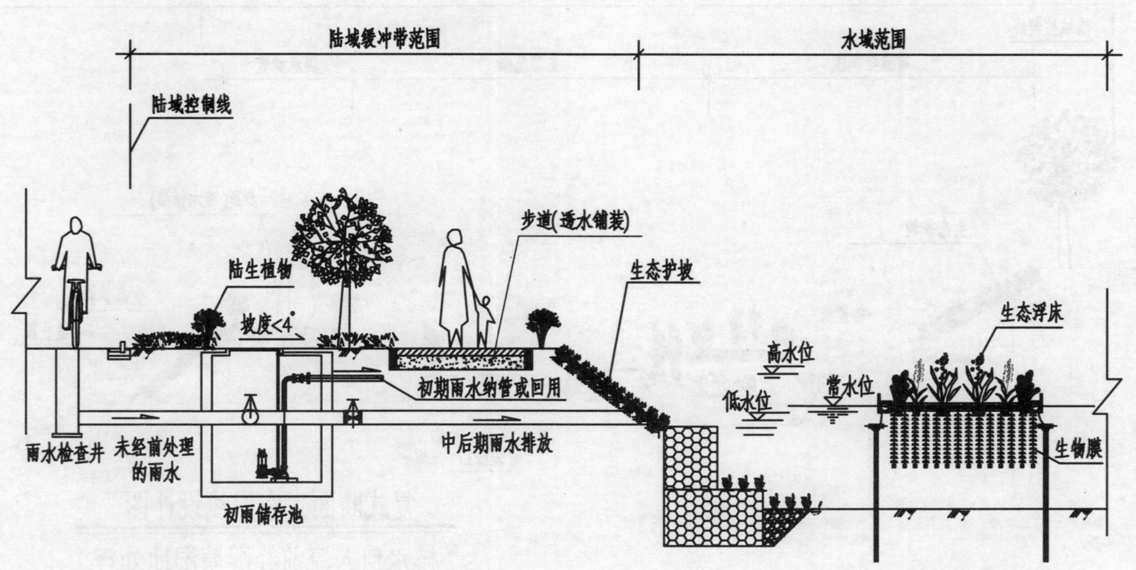
陆域缓冲带范围
水域范围
陆域控制线
步道(透水铺装)
陆生植物
生态护坡
坡度<4°
生态浮床
高水位
常水位
低水位
初期雨水纳管或回用
中后期雨水排放
雨水检查井
未经前处理
的雨水
初雨储存池
生物膜

说明：

1.本图适用于复式断面（或斜坡式）生态岸线及水体原位净化设计中，入流雨水未经渗、蓄、净等前处理,采用雨水管道排放入河的情况。

2.雨水管排放的初期雨水首先进入陆域缓冲带内设置的初雨蓄存池等海绵设施进行渗透与储存，中后期雨水通过雨水管直接排入河道。初雨蓄存池内的水可通过潜水泵提升纳管排放或净化回用。

3.视具体情况，在水域范围内选择性的设置水生植物带、生态浮床、生物膜或潜水回流装置等净化设施，进一步对排入的雨水及上游来水进行原位净化。

4.本图仅为构造示意图，设计时应针对设计目标，根据入流雨水及河湖上游来水的水质特点、水文特征以及陆域缓冲带宽度等，结合地形特点，选择适宜的护岸材料、海绵设施及原位净化设施等。

复式断面生态岸线设计图
（排水管入流前未处理）

复式断面生态岸线设计图 （排水管入流前未处理）	图集号	2019沪L003 2019沪S701
	页	9

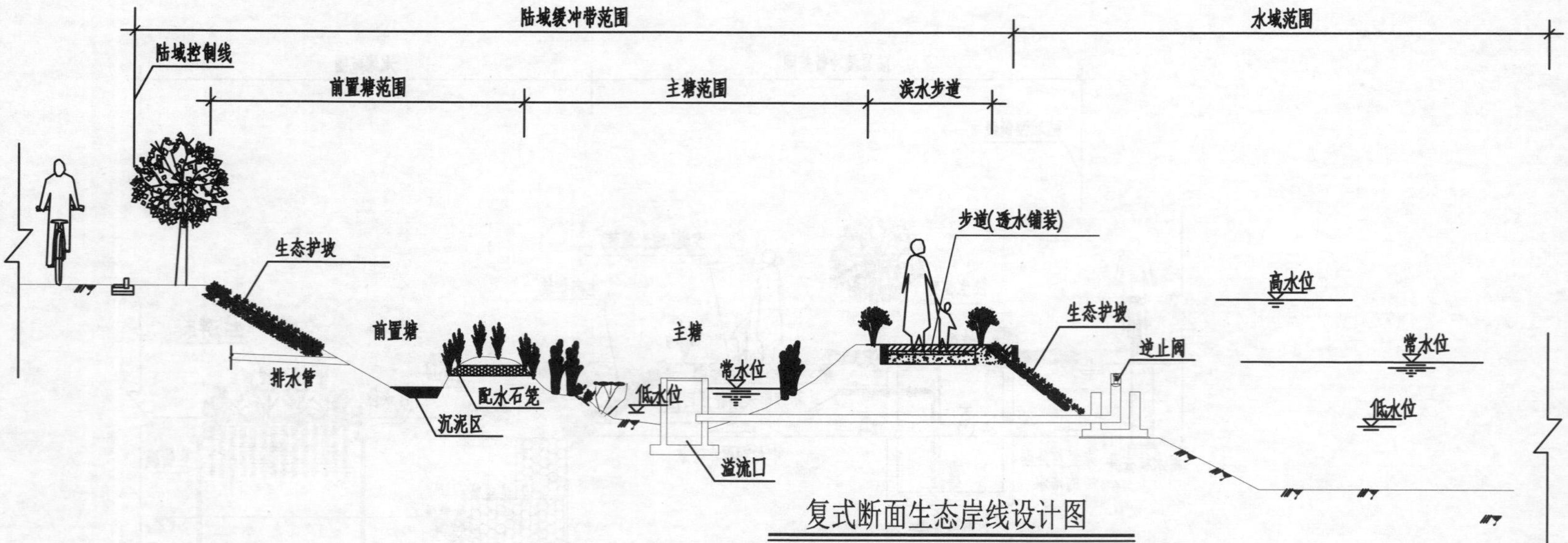

陆域缓冲带范围

水域范围

陆域控制线

前置塘范围

主塘范围

滨水步道

步道(透水铺装)

生态护坡

高水位

前置塘

主塘

生态护坡

逆止阀

常水位

排水管

常水位

配水石笼

低水位

沉泥区

低水位

溢流口

复式断面生态岸线设计图

（排水口入流前经湿塘湿地处理）

说明：

1.本图适用于复式断面（或斜坡式）生态岸线及水体原位净化设计中，入流雨水未经渗、蓄、净等前处理，采用雨水管道排放入河的情况。

2.雨水管排放的初期雨水首先进入前置塘等海绵设施进行净化与储存，对径流雨水进行预处理，并利用湿塘容积对雨水进行调蓄，当湿塘湿地内水位高于河道水位，在排水管道内水压力作用下，逆止阀打开，排放湿塘内水体于河道。当河道常水位高于湿塘湿地内水位时，逆止阀处于关闭状态，反向不能进水。

3.湿塘与前置塘间设置水生植物种植带、生态浮床、生物膜等净化设施，对排入的雨水及上游来水进行原位净化。

4.本图仅为构造示意图，设计时应针对设计目标，根据入流雨水及河湖上游来水的水质特点、水文特征以及陆域缓冲带宽度等，结合地形特点，选择适宜的护岸材料、海绵设施及原位净化设施等。

实景意向图

复式断面生态岸线设计图 （排水口入流前经湿塘湿地处理）	图集号	2019沪L003 2019沪S701
	页	10

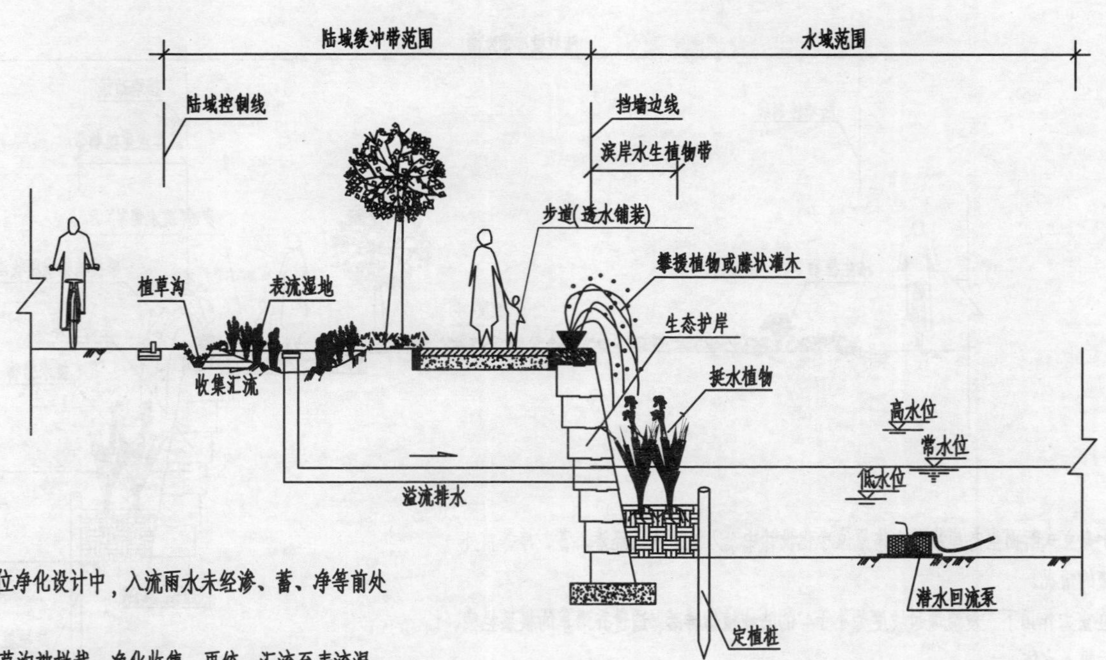
陆域缓冲带范围
水域范围
陆域控制线
挡墙边线
滨岸水生植物带
步道(透水铺装)
攀援植物或藤状灌木
植草沟
表流湿地
生态护岸
收集汇流
挺水植物
高水位
常水位
低水位
溢流排水
潜水回流泵
定植桩

直立式断面生态岸线设计图

（地表径流入流前未处理）

说明：

1.本图适用于直立式断面生态岸线及水体原位净化设计中，入流雨水未经渗、蓄、净等前处理的地表径流的情况。

2.地表径流流经陆域缓冲带时，首先进入植草沟被拦截、净化收集，再统一汇流至表流湿地或其他海绵设施进行渗透、储存与净化，最后通过溢流管排入水体。

3.视具体情况，在水域范围内选择性设置滨岸水生植物带、生态浮床、生物膜或潜水回流装置等净化设施，进一步对排入的地表径流及上游来水进行原位净化。

4.本图仅为构造示意图，设计时应针对设计目标，根据入流地表径流及河湖上游来水的水质特点、水文特征以及陆域缓冲带宽度等，结合地形特点，选择适宜的护岸材料、海绵设施及原位净化设施等。

直立式断面生态岸线设计图（地表径流入流前未处理）	图集号	2019沪L003 2019沪S701
	页	11

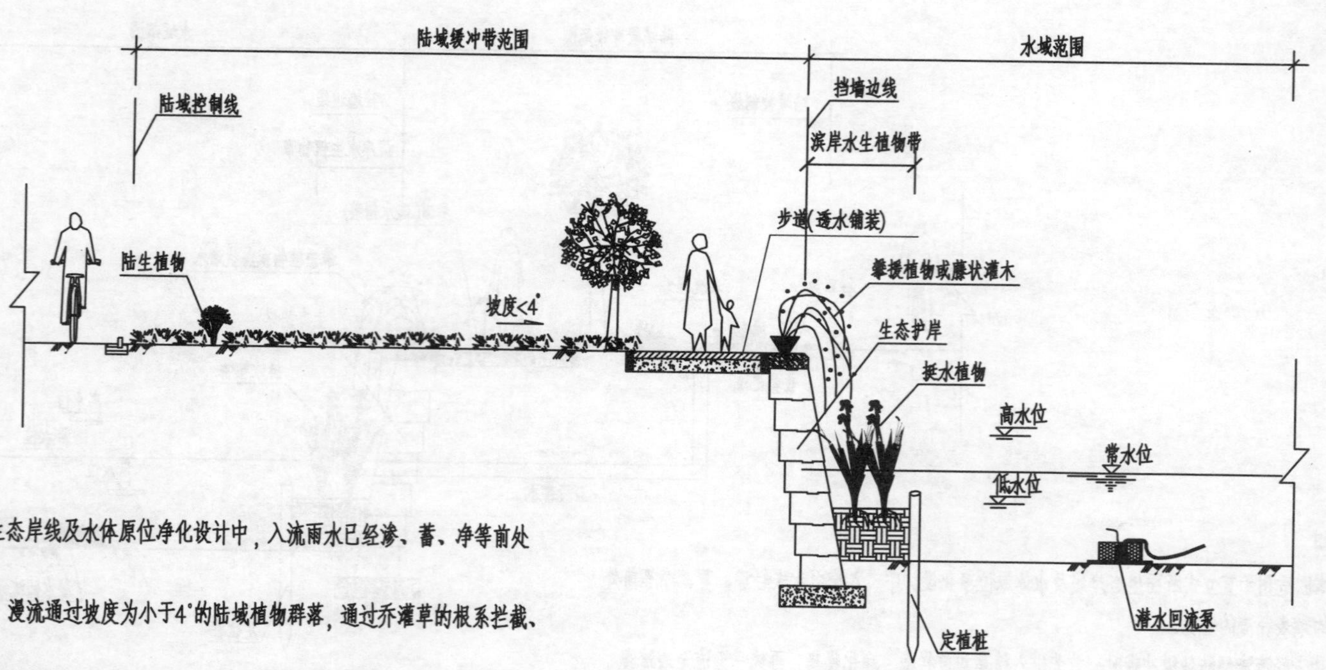
陆域缓冲带范围
水域范围
陆域控制线
挡墙边线
滨岸水生植物带
步道(透水铺装)
陆生植物
攀援植物或藤状灌木
坡度<4°
生态护岸
挺水植物
高水位
常水位
低水位
定植桩
潜水回流泵

说明：

1.本图适用于直立式断面生态岸线及水体原位净化设计中，入流雨水已经渗、蓄、净等前处理的地表径流的情况。

2.地表径流在重力作用下，漫流通过坡度为小于4°的陆域植物群落，通过乔灌草的根系拦截、吸附及净化后排入水体。

3.视具体情况，在水域范围内选择性的设置滨岸水生植物带、生态浮床、生物膜或潜水回流装置等净化设施，进一步对排入的地表径流及上游来水进行原位净化。

4.本图仅为构造示意图，设计时应针对设计目标，根据入流地表径流及河湖上游来水的水质特点、水文特征以及陆域缓冲带宽度等，结合地形特点，选择适宜的护岸材料、海绵设施及原位净化设施等。

直立式断面生态岸线设计图

（地表径流入流前经处理）

直立式断面生态岸线设计图 （地表径流入流前经处理）	图集号	2019沪L003 2019沪S701
	页	12

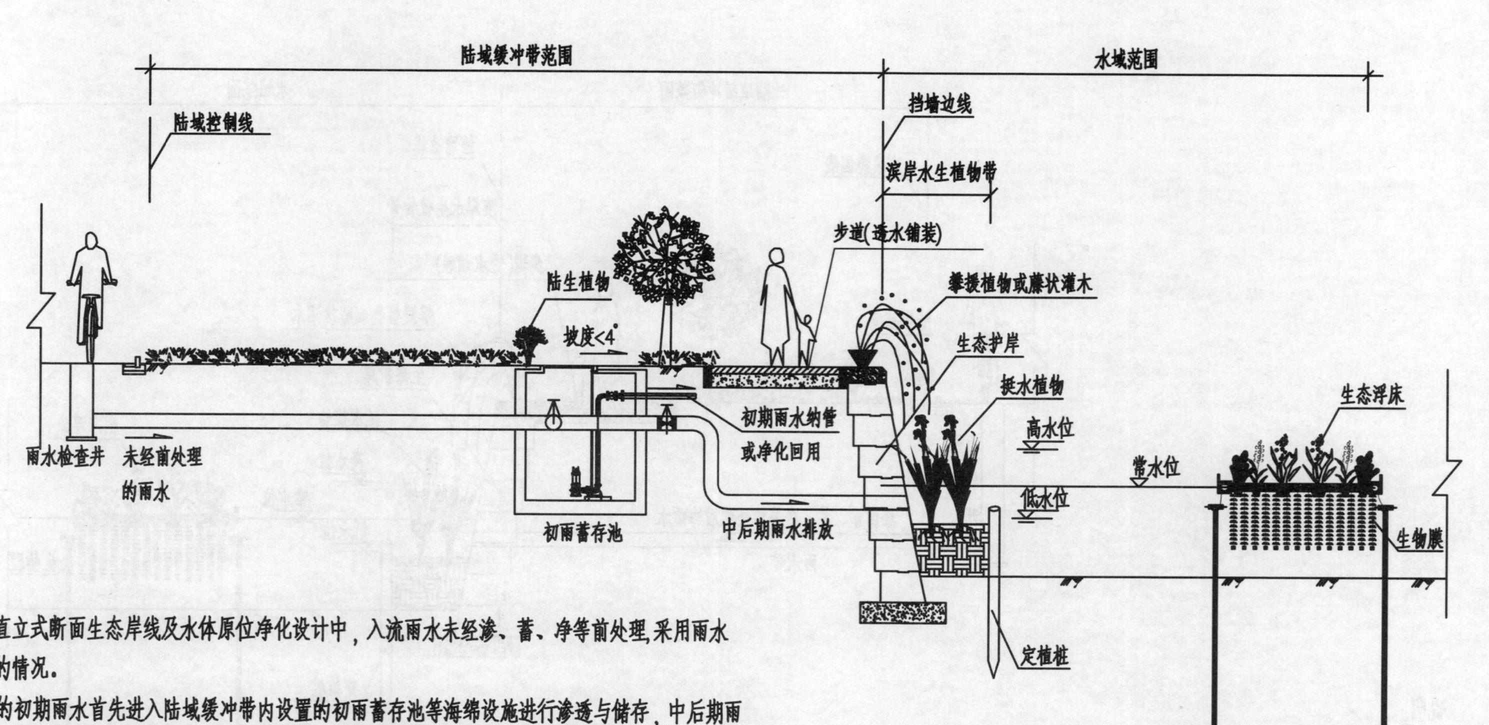

陆域缓冲带范围
水域范围
陆域控制线
挡墙边线
滨岸水生植物带
步道(透水铺装)
攀援植物或藤状灌木
陆生植物
坡度<4°
生态护岸
挺水植物
高水位
常水位
低水位
生态浮床
初期雨水纳管
或净化回用
雨水检查井
未经前处理
的雨水
初雨蓄存池
中后期雨水排放
生物膜
定植桩

说明：

1.本图适用于直立式断面生态岸线及水体原位净化设计中，入流雨水未经渗、蓄、净等前处理，采用雨水管道排放入河的情况。

2.雨水管排放的初期雨水首先进入陆域缓冲带内设置的初雨蓄存池等海绵设施进行渗透与储存，中后期雨水通过雨水管直接排入河道。初雨蓄存池内的水可通过潜水泵提升纳管排放或者净化后回用。

3.视具体情况，在水域范围内选择性的设置滨岸水生植物带、生态浮床、生物膜或潜水回流装置等净化设施，进一步对排入的雨水及上游来水进行原位净化。

4.本图仅为构造示意图，设计时应针对设计目标，根据入流地表径流及河湖上游来水的水质特点、水文特征以及陆域缓冲带宽度等，结合地形特点，选择适宜的护岸材料、海绵设施及原位净化设施等。

直立式断面生态岸线设计图

（排水管入流前未处理）

直立式断面生态岸线设计图 （排水管入流前未处理）	图集号	2019沪L003 2019沪S701
	页	13

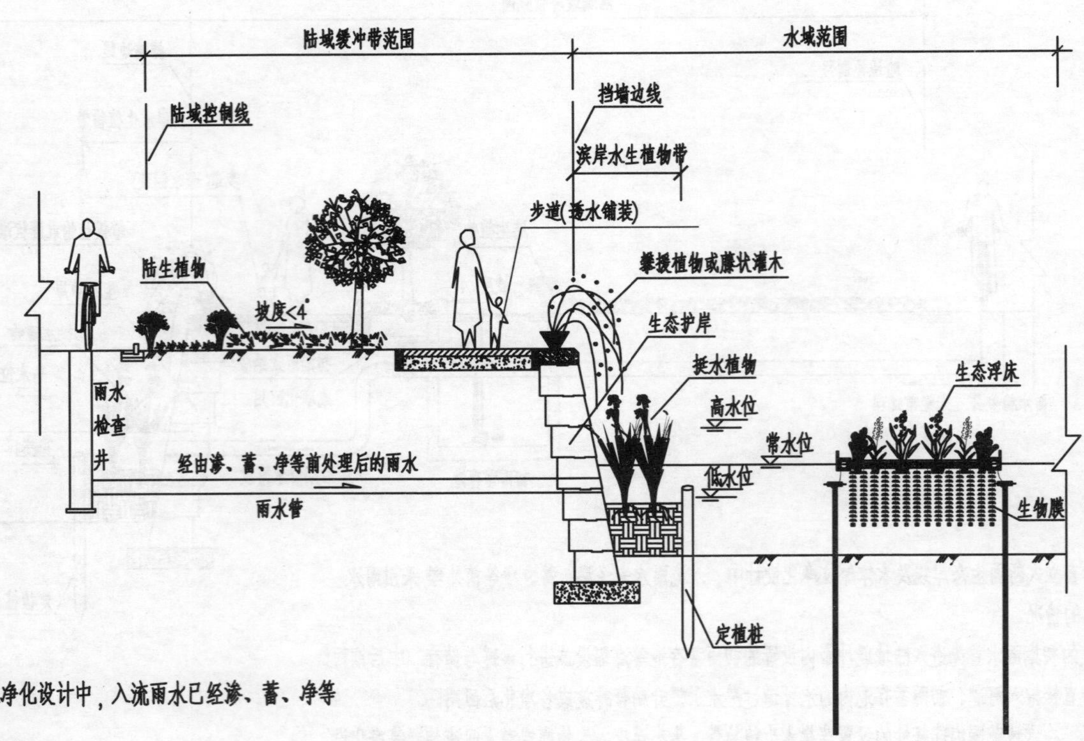
陆域缓冲带范围
水域范围
陆域控制线
挡墙边线
滨岸水生植物带
步道(透水铺装)
攀援植物或藤状灌木
陆生植物
坡度<4
生态护岸
挺水植物
生态浮床
高水位
常水位
低水位
雨水
检查
井
经由渗、蓄、净等前处理后的雨水
雨水管
生物膜
定植桩

说明：

1.本图适用于直立式断面生态岸线及水体原位净化设计中，入流雨水已经渗、蓄、净等前处理,采用雨水管道排放入河的情况。

2.雨水管直接通过埋设在陆域缓冲带下的管路排入水系。

3.视具体情况，在水域范围内选择性的设置水生植物带、生态浮床、生物膜或潜水回流装置等净化设施，进一步对排入的雨水及上游来水进行原位净化。

4.本图仅为构造示意图，设计时应针对设计目标，根据入流雨水及河湖上游来水的水质特点、水文特征等，结合地形特点，选择适宜的护岸材料、海绵设施及原位净化设施等。

直立式断面生态岸线设计图
（排水管入流前经处理）

直立式断面生态岸线设计图 （排水管入流前经处理）	图集号	2019沪L003 2019沪S701
	页	14

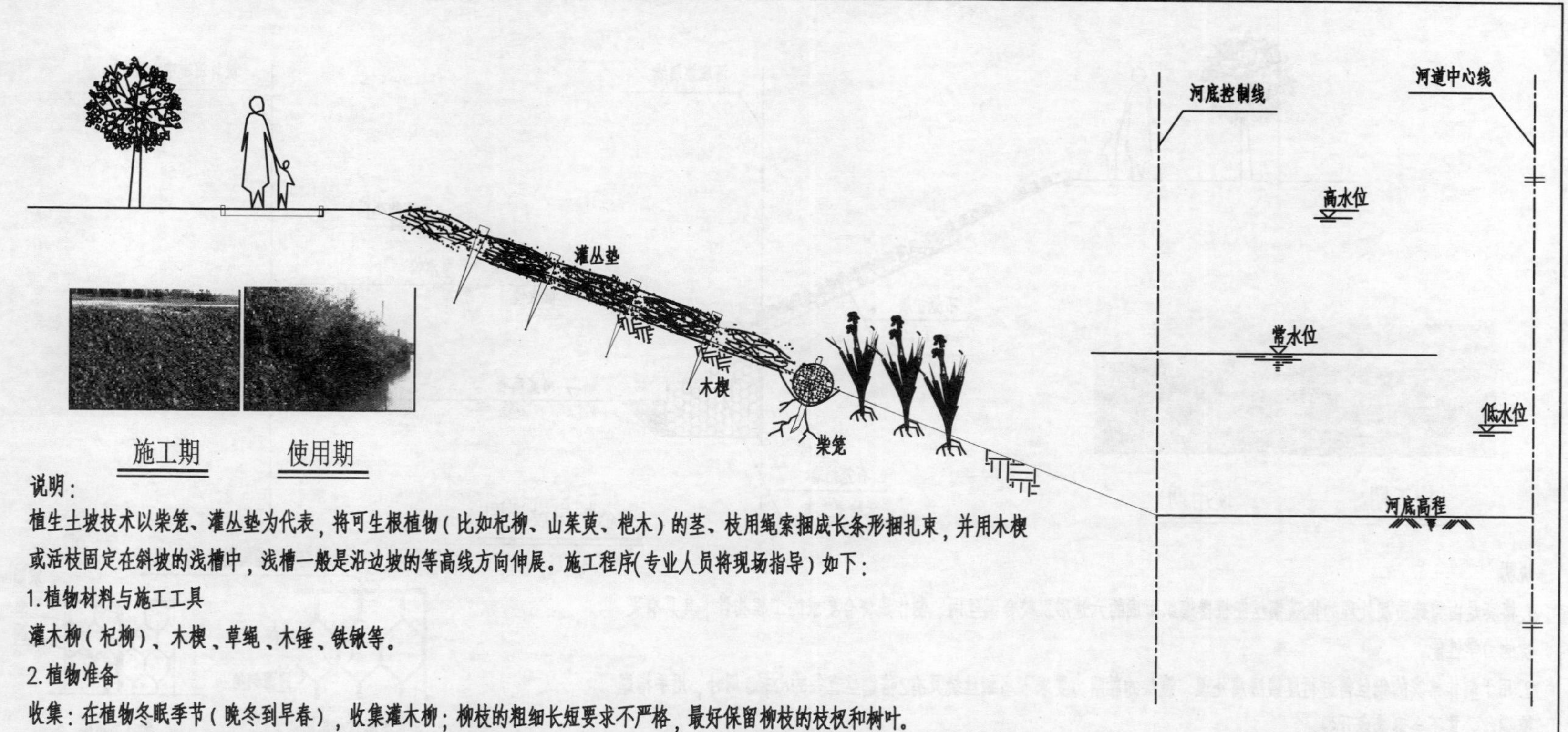
河道中心线
河底控制线
高水位
灌丛垫
常水位
木楔
柴笼
低水位
河底高程
施工期
使用期

说明：

植生土坡技术以柴笼、灌丛垫为代表，将可生根植物（比如杞柳、山茱萸、桤木）的茎、枝用绳索捆成长条形捆扎束，并用木楔或活枝固定在斜坡的浅槽中，浅槽一般是沿边坡的等高线方向伸展。施工程序（专业人员将现场指导）如下：

1.植物材料与施工工具

灌木柳（杞柳）、木楔、草绳、木锤、铁锹等。

2.植物准备

收集：在植物冬眠季节（晚冬到早春），收集灌木柳；柳枝的粗细长短要求不严格，最好保留柳枝的枝杈和树叶。

预处理：将收集到的柳枝进行捆扎成柴笼。所有的柴笼最好在水中浸泡24h以上，或者在收割的同一天施工埋栽。柳枝的收获—捆扎—浸泡—埋栽全过程应在2d~3d之内完成。

3.施工方法

第1步：挖埋栽沟按坡岸等高线或指定的位置挖埋栽沟；埋栽沟为V形，深度为1/2~2/3的柴笼捆直径。

第2步：埋栽沟挖好后，立即将捆扎好的柴笼平放入埋栽沟，以防埋栽沟表层土干化；在柴笼下部插木楔；往沟中覆盖富含有机质的湿润土壤，确保柴笼间隙中充填有土壤。

生态护岸设计图

（植生土坡）

生态护岸设计图（植生土坡）	图集号	2019沪L003 2019沪S701
	页	15

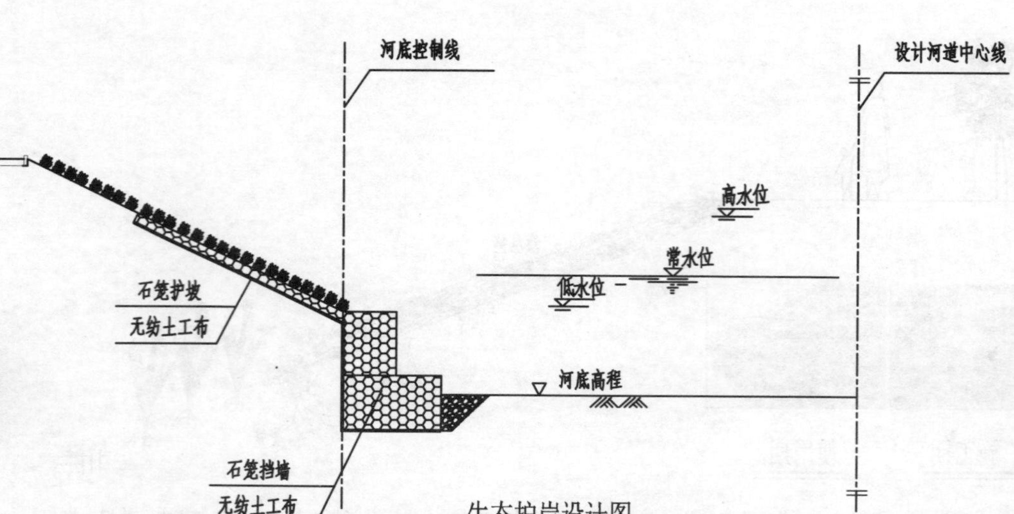

河底控制线

设计河道中心线

高水位

常水位

低水位

石笼护坡

无纺土工布

河底高程

石笼挡墙

无纺土工布

施工期　　使用期

生态护岸设计图

（石笼）

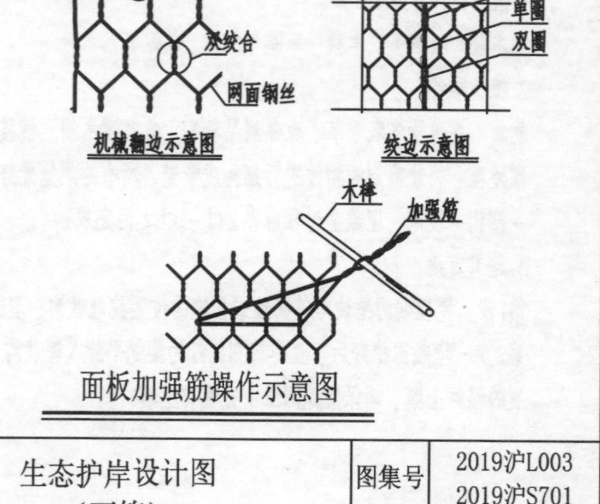

机械翻边，缠绕圈数≥2.5圈
双绞合
网面钢丝
机械翻边示意图
双圈
单圈
双圈
绞边示意图
木棒
加强筋

面板加强筋操作示意图

说明：

1. 格宾是由特殊防腐处理的低碳钢丝经机器编织而成的六边形双绞合钢丝网，制作成符合要求的工程构件，其具有更优的力学性能。

2. 用于制作格宾的钢丝需进行厚镀防腐处理，镀层的粘附力要求：当钢丝绕具有2倍钢丝直径的心轴6周时，用手指摩擦钢丝，其不会剥落或开裂。

3. 格宾供货单位需提供由国家认证认可监督管理委员会认证的检测单位出具的网面抗拉强度检测报告。

4. 网面裁剪后末端与边端钢丝的联接处是整个结构的薄弱环节，为加强网面与边端钢丝的连接强度，需采用专业的翻边机将网面钢丝缠绕在边端钢丝上不少于2.5圈，不能采用手工绞。

5. 绑扎钢丝必须采用与网面钢丝一样材质的钢丝，为保证联接强度需严格按照间隔100mm～150mm单圈－双圈连续交替绞合，详见图示。

6. 为了保障面墙的平整度，靠面板300mm范围内按照干砌石标准进行施工；所有外侧的格宾单元设置加强筋，每平方米面板均匀布置4根。

7. 格宾的安装应在专业厂家的指导下进行。

生态护岸设计图 （石笼）	图集号	2019沪L003 2019沪S701
	页	16

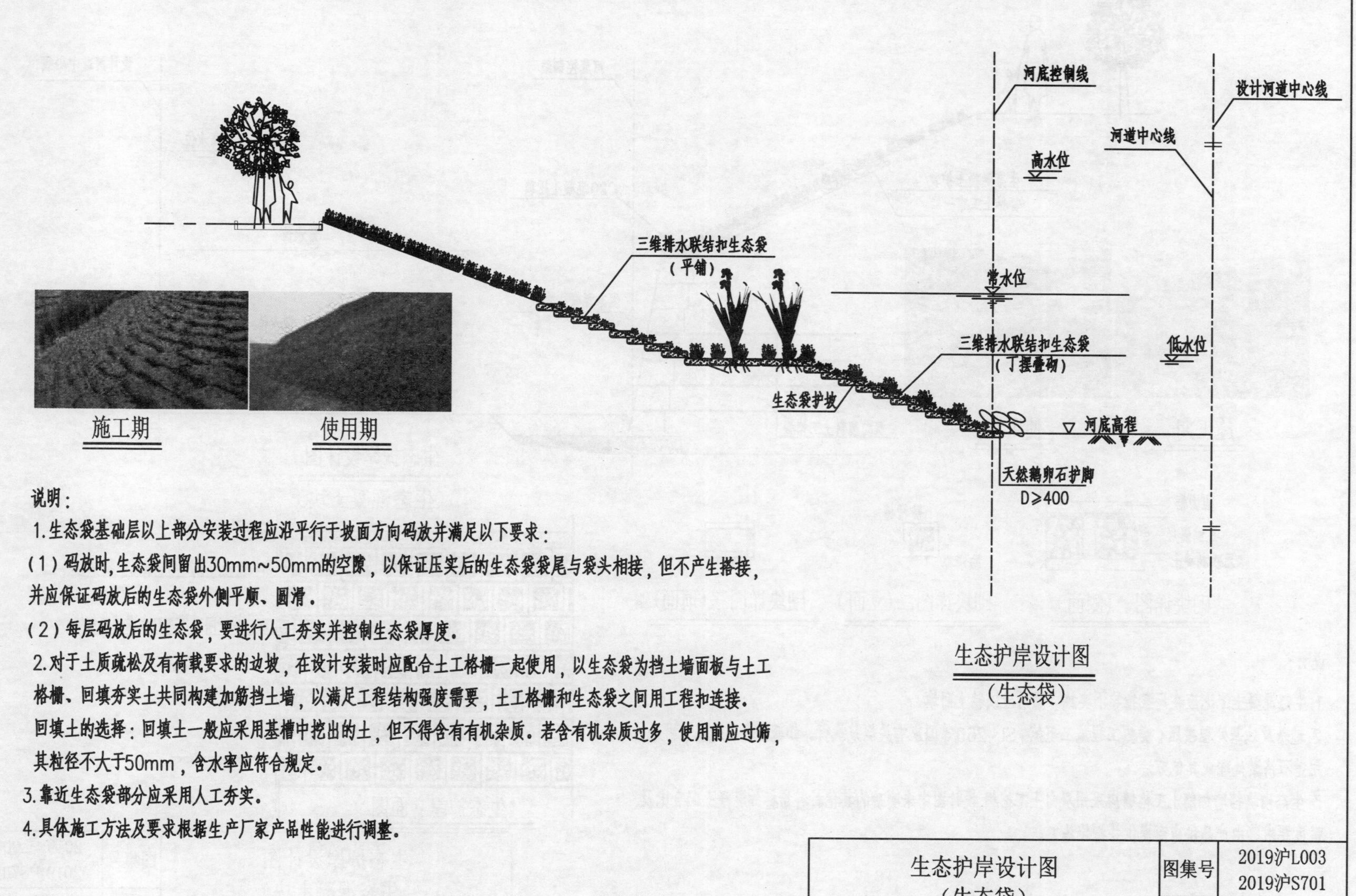
河底控制线
设计河道中心线
河道中心线
高水位
三维排水联结扣生态袋
（平铺）
常水位
三维排水联结扣生态袋
（丁摆叠砌）
低水位
生态袋护坡
河底高程
天然鹅卵石护脚
D≥400
施工期
使用期
生态护岸设计图
（生态袋）

说明：

1.生态袋基础层以上部分安装过程应沿平行于坡面方向码放并满足以下要求：

（1）码放时,生态袋间留出30mm~50mm的空隙，以保证压实后的生态袋袋尾与袋头相接，但不产生搭接，并应保证码放后的生态袋外侧平顺、圆滑。

（2）每层码放后的生态袋，要进行人工夯实并控制生态袋厚度。

2.对于土质疏松及有荷载要求的边坡，在设计安装时应配合土工格栅一起使用，以生态袋为挡土墙面板与土工格栅、回填夯实土共同构建加筋挡土墙，以满足工程结构强度需要，土工格栅和生态袋之间用工程扣连接。

回填土的选择：回填土一般应采用基槽中挖出的土，但不得含有有机杂质。若含有机杂质过多，使用前应过筛，其粒径不大于50mm，含水率应符合规定。

3.靠近生态袋部分应采用人工夯实。

4.具体施工方法及要求根据生产厂家产品性能进行调整。

生态护岸设计图（生态袋）	图集号	2019沪L003 2019沪S701
	页	17

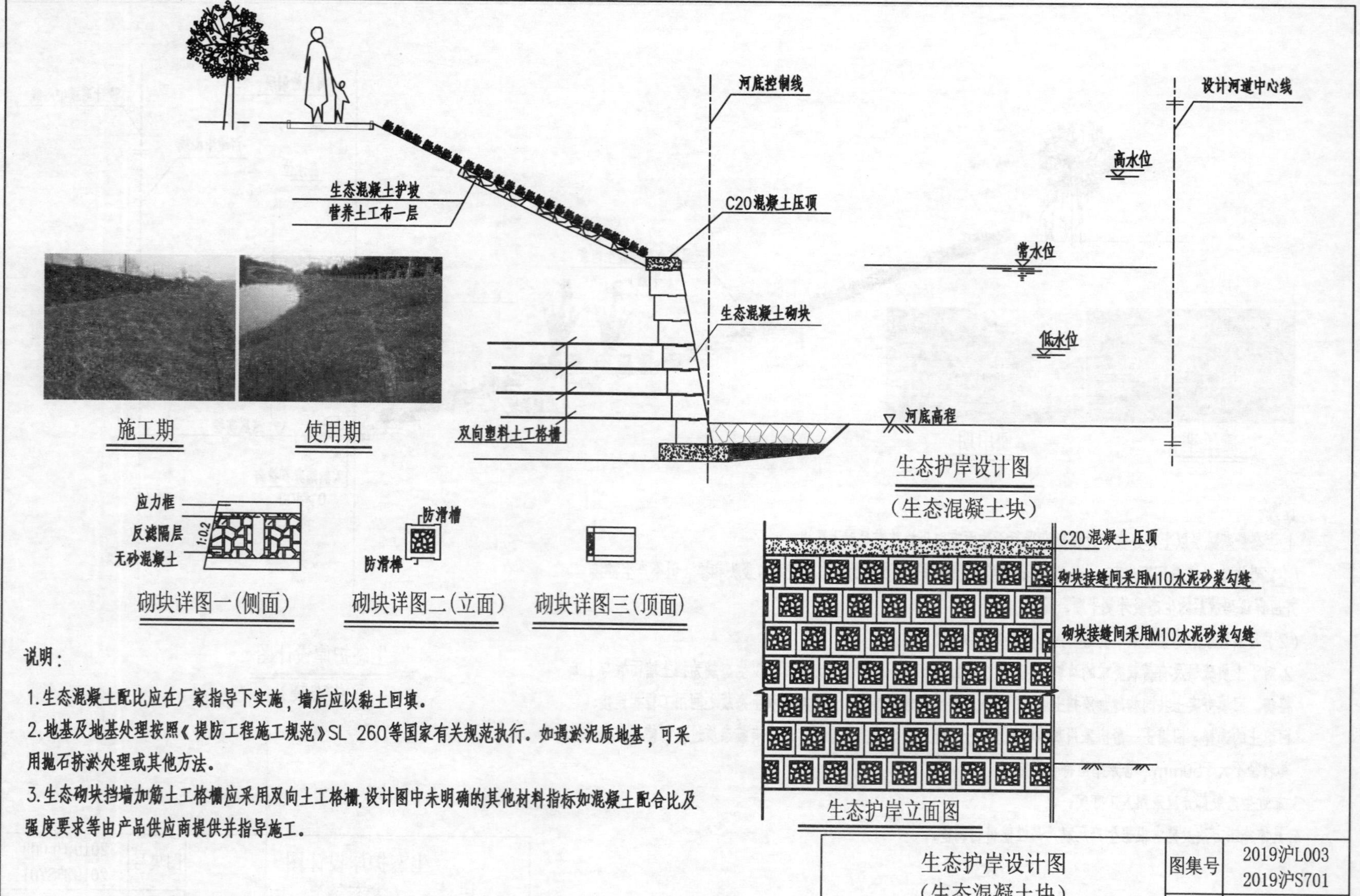

河底控制线
设计河道中心线
高水位
生态混凝土护坡
营养土工布一层
C20混凝土压顶
常水位
生态混凝土砌块
低水位
河底高程
双向塑料土工格栅
施工期
使用期
生态护岸设计图
(生态混凝土块)
应力框
反滤隔层
无砂混凝土
1:0.2
防滑槽
防滑榫
砌块详图一(侧面)
砌块详图二(立面)
砌块详图三(顶面)
C20混凝土压顶
砌块接缝间采用M10水泥砂浆勾缝
砌块接缝间采用M10水泥砂浆勾缝
生态护岸立面图

说明:

1. 生态混凝土配比应在厂家指导下实施，墙后应以黏土回填。

2. 地基及地基处理按照《堤防工程施工规范》SL 260等国家有关规范执行。如遇淤泥质地基，可采用抛石挤淤处理或其他方法。

3. 生态砌块挡墙加筋土工格栅应采用双向土工格栅,设计图中未明确的其他材料指标如混凝土配合比及强度要求等由产品供应商提供并指导施工。

生态护岸设计图 (生态混凝土块)	图集号	2019沪L003 2019沪S701
	页	18

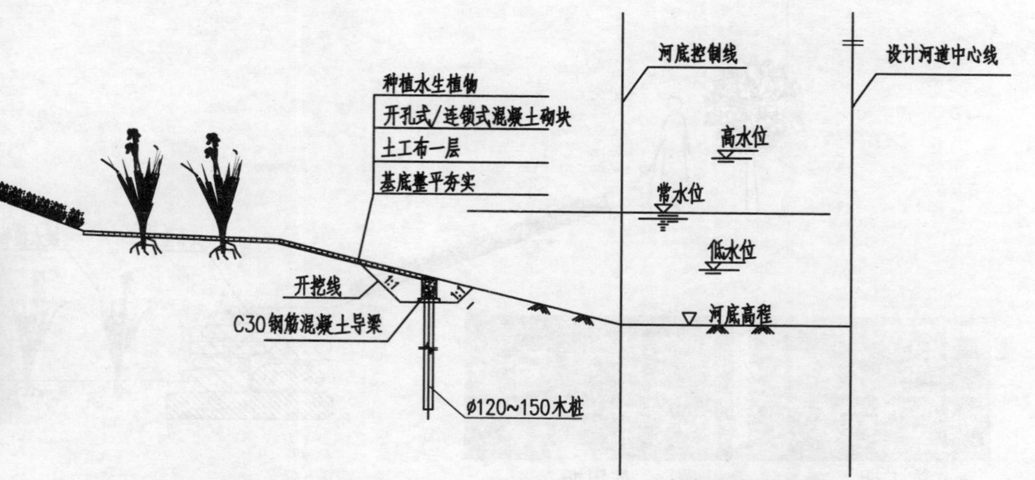

种植水生植物
开孔式/连锁式混凝土砌块
土工布一层
基底整平夯实
河底控制线
设计河道中心线
高水位
常水位
低水位
河底高程
开挖线
C30钢筋混凝土导梁
ø120~150木桩

施工期

使用期

生态护岸设计图

（开孔式/连锁式混凝土砌块）

说明：

1.本图尺寸均以mm为单位。

2.修坡时应严格控制坡比，坡面平整度应达到规范要求，为使混凝土预制块砌筑的坡面平整度达到规定要求，坡面修整采用人工拉线修整，坡面土料不足部分人工填筑并洒水夯实，使之达到验收条件。

3.土工布的铺设搭接宽度必须大于400mm，铺设长度要有一定富余量，最后将铺设后的土工布用U型钉固定，防止预制块砌筑过程中土工布滑动变形。

4.开孔式/连锁式混凝土砌块砌筑必须从下往上的顺序砌筑，砌筑应平整、咬合紧密。砌筑时依放样桩纵向拉线控制坡比，横向拉线控制平整度，使平整度达到设计要求。混凝土预制块铺筑应平整、稳定、缝线规则。

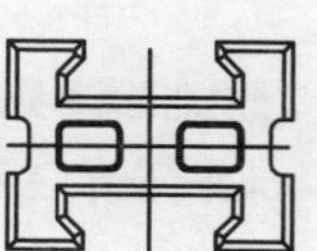

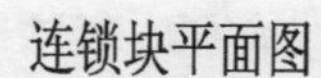

连锁块平面图

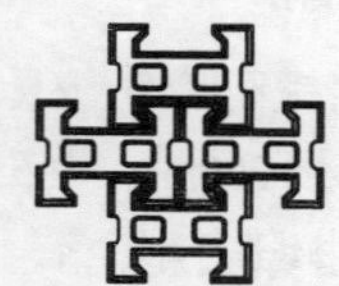

高强连锁示意图

生态护岸设计图 （开孔式/连锁式混凝土砌块）	图集号	2019沪L003 2019沪S701
	页	19

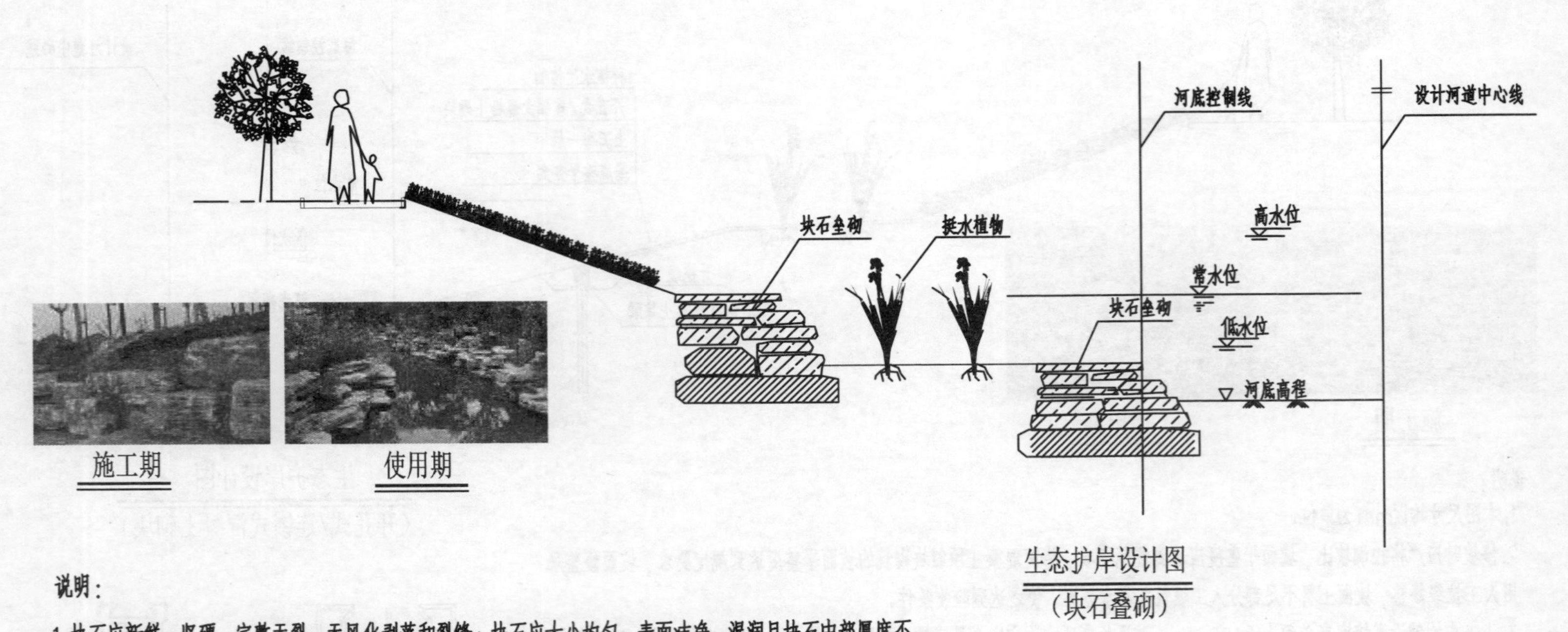
河底控制线
设计河道中心线
块石垒砌
挺水植物
高水位
常水位
块石垒砌
低水位
河底高程
施工期
使用期

生态护岸设计图
（块石叠砌）

说明：

1.块石应新鲜、坚硬、完整无裂、无风化剥落和裂缝；块石应大小均匀，表面洁净，湿润且块石中部厚度不小于200mm．块石表面无污垢、水锈等杂质，表面应色泽均匀．砌筑的位置、高程符合设计要求，按放样挂线进行砌筑．

2.干砌块石挡墙砌筑，以错缝锁结方式铺砌，表面砌缝的密度不应大于20mm，砌石边缘应顺直、整齐牢固，不得摇大面叠砌和浮塞．平台及护坡外露表面的坡顶和侧边、干砌石挡墙的外露面，应选用较整齐的石块砌筑平整．

生态护岸设计图 （块石叠砌）	图集号	2019沪L003 2019沪S701
	页	20

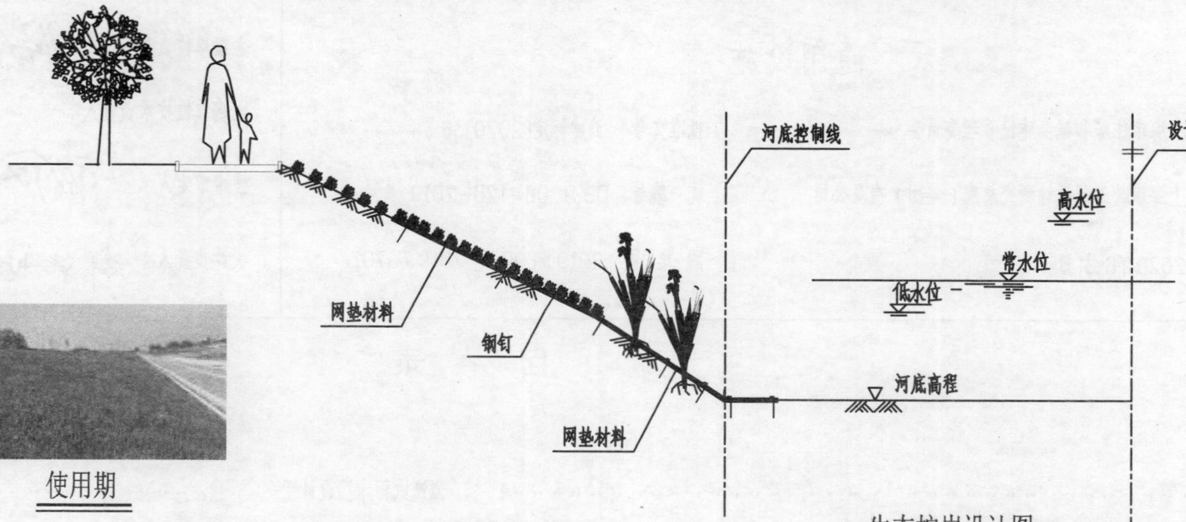

施工期　　使用期

河底控制线
设计河道中心线
高水位
常水位
低水位
网垫材料
钢钉
河底高程
网垫材料

生态护岸设计图
（水土保护毯）

说明：

1.坡面及河床整平：清除坡面上粒径过大的石头、植物根或其他垃圾，填充低洼处；边坡基础必须稳定。

2.开沟槽：在河岸堤肩以及堤脚处，各开一条沟槽，深度、宽度均不小于300mm。

3.切割及铺设：水土保护毯应垂直于岸线纵向安装，测量坡面长度及两端沟槽深度，计算并裁剪相应长度水土保护毯，将毯体移至相应位置，沿着斜坡展开并调整位置（注意分清毯体正反面），在堤顶、堤脚沟槽部位将水土保护毯放入沟中并用专用钢钉固定（钢钉间距为1m），其余坡面位置在正常坡度情况下每$2m^2$~$3m^2$ 固定1根锚钉。

4.搭接：顺水流方向搭接（上游压下游），搭接宽度为100mm~150mm，搭接处同样用钢钉进行固定，钢钉间距为1m。

5.锚固：采用钢钉进行锚固（常规钉长40mm，可根据设计需求在30mm~70mm间调整）。

6.播种：在水土保护毯表面播种根系发达的当地草种或籽播花卉。

7.覆土：水土保护毯铺设好后要迅速锚固并覆盖耕植土，覆土厚度为30mm~50mm，覆盖后以地面压实、沉降后均匀填充毯体且略微溢出为最佳效果。

8.防护及养护：在施工坡面覆盖无纺布进行植被萌芽期防护。播种后需浇水养护1至2周，确保发芽期所需水份；浇水时应避免水流过大，破坏种子均匀分布。

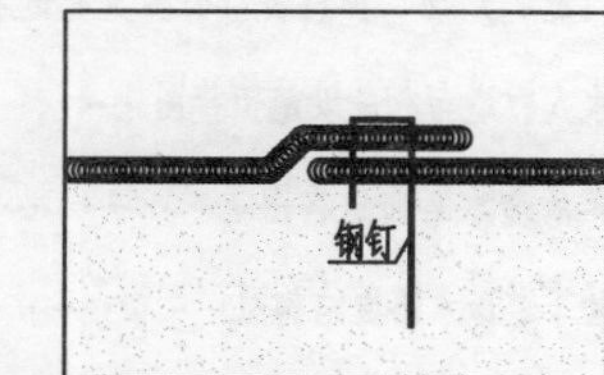
钢钉

搭接设计图

生态护岸设计图（水土保护毯）	图集号	2019沪L003 2019沪S701
	页	21

通用设施

批准部门	上海市住房和城乡建设管理委员会	批准文号	沪建标定[2020]36号
主编单位	上海市政工程设计研究总院（集团）有限公司	统一编号	DBJT 08-128-2019
实施日期	2020年6月1日	图 集 号	2019沪L003 2019沪S701

主编单位负责人

主编单位技术负责人

技术审定人

设计负责人

目 录

目录	图集号	2019沪L003 2019沪S701
	页	1

说　明

一、编制说明

通用设施图纸需与总说明、建筑与小区系统、绿地系统、道路与广场系统和水务系统的图纸一并使用。

二、编制依据

《城镇雨水调蓄工程技术规范》	GB 51174
《模块化雨水储水设施技术标准》	（报批稿）
《城市道路—环保型道路路面》	15MR205
《软式透水管》	JC 937

三、适用范围

本图集适用于上海建成区或规划区范围内的海绵城市建设项目，包括新建、改建、扩建类项目。

四、技术要求

1.根据交通荷载、使用环境、地质条件、水文和气候环境状况，选择透水路面材料和透水路面结构类型，并进行边缘排水系统设计。

2.溢流式雨水口适用于削减初期雨水径流，并对雨水进行源头减排的场所，溢流雨水口内的标高宜根据水量计算和源头减排设施的标高确定，做好高程衔接，在满足排水安全的基础上实施源头减排。

3.线性排水沟适用于景观要求较高的的商业广场，在设计时需根据设计重现期和汇水范围确定布置位置和规格。

4.蓄渗设施、拱形调蓄装置、浅层雨水分散储存设施等以调蓄功能为主的设施的进出水管、溢流管等需做好与排水系统的高程衔接，保障排水畅通，在布置时应注意工程地质情况和地下水位深度。

5.蓄渗设施宜与室外弃流系统联合使用，弃流系统或蓄渗设施内应设置溢流管。蓄渗设施可根据实际调蓄容积需求进行串、并联组合，设施内蓄存雨水无法渗透或重力排出时，需通过其他措施排出，保障下一次降雨来临时设施的调蓄功能。蓄渗装置内蓄存雨水用于回用时，需进行净化处理满足回用水标准。

6.拱形调蓄装置在竖向上单层布置，拼接数量不受限制，可根据蓄水量要求确定。

7.应定期开展设施维护管理，保障各设施功能的正常发挥。

8.其他未尽事宜，应按国家和上海市现行有关规范、标准、技术文件等执行。

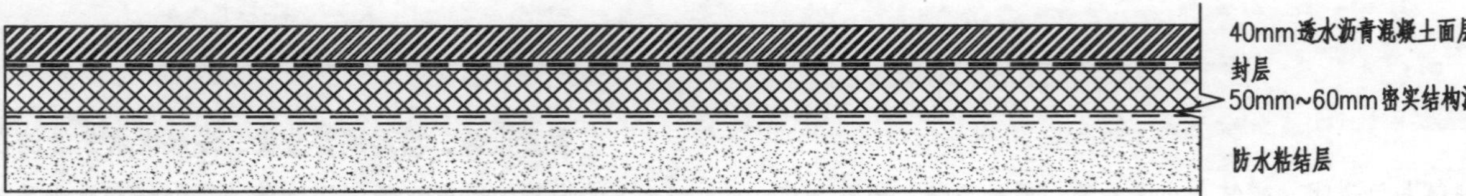

40mm透水沥青混凝土面层
封层
50mm~60mm密实结构沥青混凝土层
防水粘结层

高架道路透水路面结构图

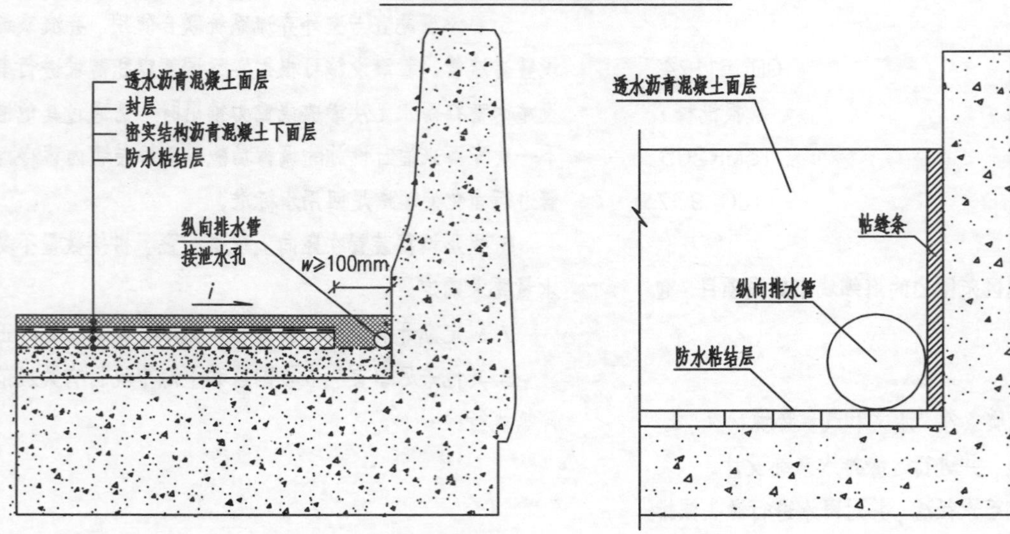

透水沥青混凝土面层
封层
密实结构沥青混凝土下面层
防水粘结层
纵向排水管
接泄水孔
W≥100mm
i
透水沥青混凝土面层
粘缝条
纵向排水管
防水粘结层

桥面透水沥青路面边缘排水系横断面图

说明：

1.透水沥青面层采用DA-10或DA-13透水沥青混凝土；密实结构沥青层采用AC-16或AC-20沥青混凝土。

2.透水沥青上面层横坡*i*宜为1.5%~2.0%。

3.边缘排水系统由透水性填料、集水沟、纵向排水管组成，集水沟宽度*W*不宜小于100mm，纵向排水管管径宜为20mm。

4.封层材料技术要求应符合《道路排水性沥青路面技术规程》DG/TJ 08-2074中的相关规定。

高架透水沥青路面结构图	图集号	2019沪L003 2019沪S701
	页	3

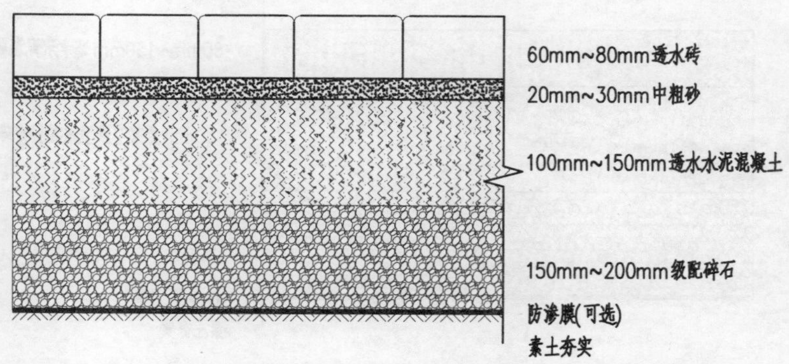
60mm~80mm透水砖
20mm~30mm中粗砂
100mm~150mm透水水泥混凝土
150mm~200mm级配碎石
防渗膜(可选)
素土夯实

人行道、广场、步行街与公园步道透水路面结构图（I）

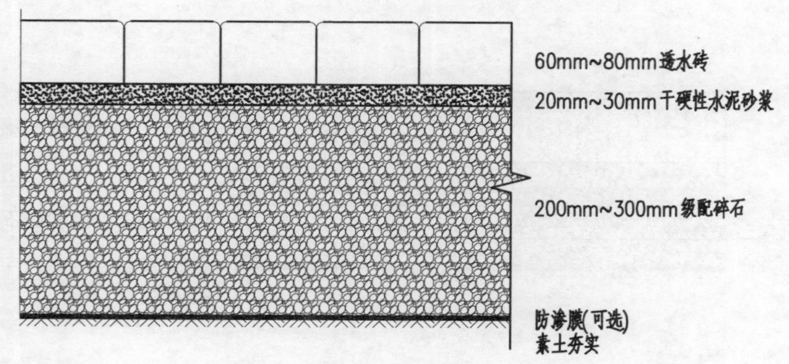
60mm~80mm透水砖
20mm~30mm干硬性水泥砂浆
200mm~300mm级配碎石
防渗膜(可选)
素土夯实

人行道、广场、步行街与公园步道透水路面结构图（II）

说明：

1. 透水砖路面材料应符合《透水人行道技术规程》DG/TJ 08-2241的相关要求。
2. 可根据现场条件选择设置防渗膜（两布一膜），规格为400g/m^2，断裂强度≥8.0kN/m，CBR顶破强力≥1.4kN，耐静水压0.4MPa。

人行道、广场、步行街与公园步道透水路面结构图（一）	图集号	2019沪L003 2019沪S701
	页	4

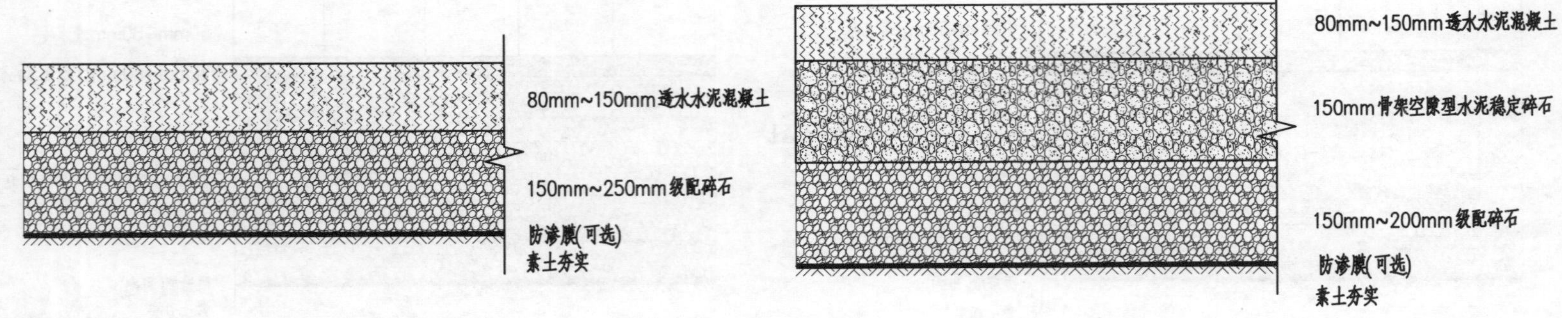
80mm~150mm透水水泥混凝土
150mm~250mm级配碎石
防渗膜(可选)
素土夯实
80mm~150mm透水水泥混凝土
150mm骨架空隙型水泥稳定碎石
150mm~200mm级配碎石
防渗膜(可选)
素土夯实

人行道、广场、步行街与公园步道透水路面结构图（III）

人行道、广场、步行街与公园步道透水路面结构图（IV）

说明：

1.透水水泥混凝土路面材料应符合《透水水泥混凝土路面技术规程》CJJ/T 135的相关要求。

2.骨架孔隙型水泥稳定碎石孔隙率为15%~23%，7d抗压强度为3.5MPa~6.5MPa。

3.可根据现场条件选择设置防渗膜（两布一膜），规格为400g/m^2，断裂强度≥8.0kN/m，CBR顶破强力≥1.4kN，耐静水压0.4MPa。

人行道、广场、步行街与公园步道透水路面结构图（二）	图集号	2019沪L003 2019沪S701
	页	5

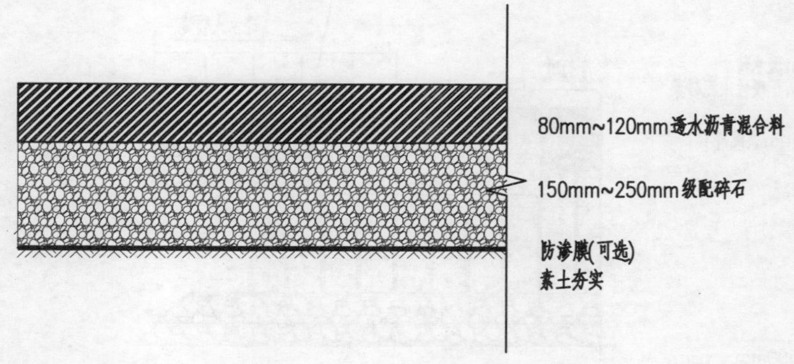
80mm~120mm透水沥青混合料
150mm~250mm级配碎石
防渗膜(可选)
素土夯实

人行道、广场、步行街与公园步道透水路面结构图（V）

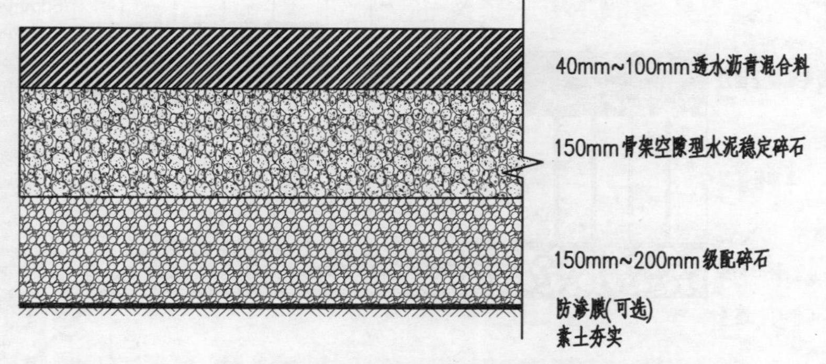
40mm~100mm透水沥青混合料
150mm骨架空隙型水泥稳定碎石
150mm~200mm级配碎石
防渗膜(可选)
素土夯实

人行道、广场、步行街与公园步道透水路面结构图（VI）

说明：

1.透水沥青路面材料应符合《道路排水性沥青路面技术规程》DG/TJ 08-2074的相关要求。

2.骨架孔隙型水泥稳定碎石孔隙率为15%~23%，7d抗压强度为3.5MPa~6.5MPa。

3.可根据现场条件选择设置防渗膜（两布一膜），规格为400g/m^2，断裂强度≥8.0kN/m，CBR顶破强力≥1.4kN，耐静水压0.4MPa。

人行道、广场、步行街与公园步道透水路面结构图（三）	图集号	2019沪L003 2019沪S701
	页	6

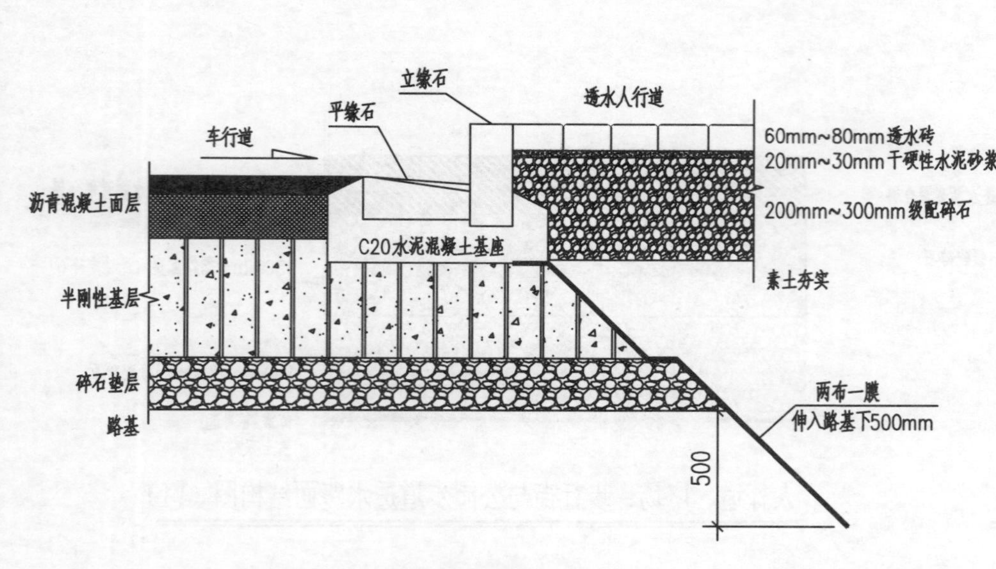
立缘石
透水人行道
平缘石
车行道
60mm~80mm透水砖
20mm~30mm干硬性水泥砂浆
沥青混凝土面层
200mm~300mm级配碎石
C20水泥混凝土基座
素土夯实
半刚性基层
碎石垫层
两布一膜
路基
伸入路基下500mm
500

透水人行道与车行道衔接图

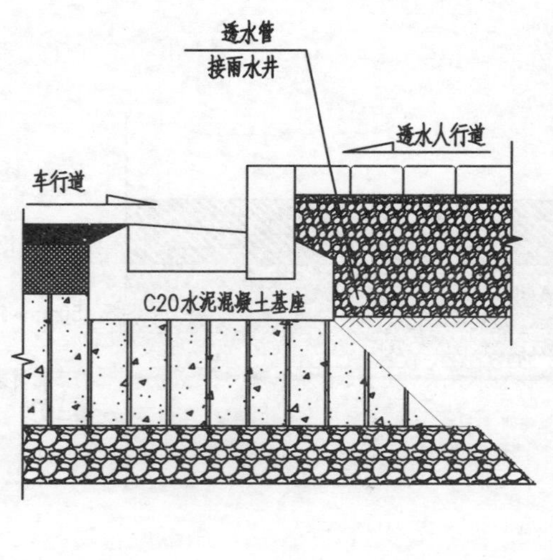
透水管
接雨水井
透水人行道
车行道
C20水泥混凝土基座

透水人行道边缘排水系统图

说明：

1. 车行道与透水人行道交界处采用防渗膜（两布一膜），规格为400g/m^2，断裂强度≥8.0kN/m，CBR顶破强力≥1.4kN，耐静水压0.4MPa。

2. 当土基透水系数、地下水位高程等条件不满足设计要求时，全透式路面应在土基顶面增加排水系统，透水管管径应通过排水计算确定，宜大于50mm。

透水人行道与相关设施衔接图	图集号	2019沪L003 2019沪S701
	页	7

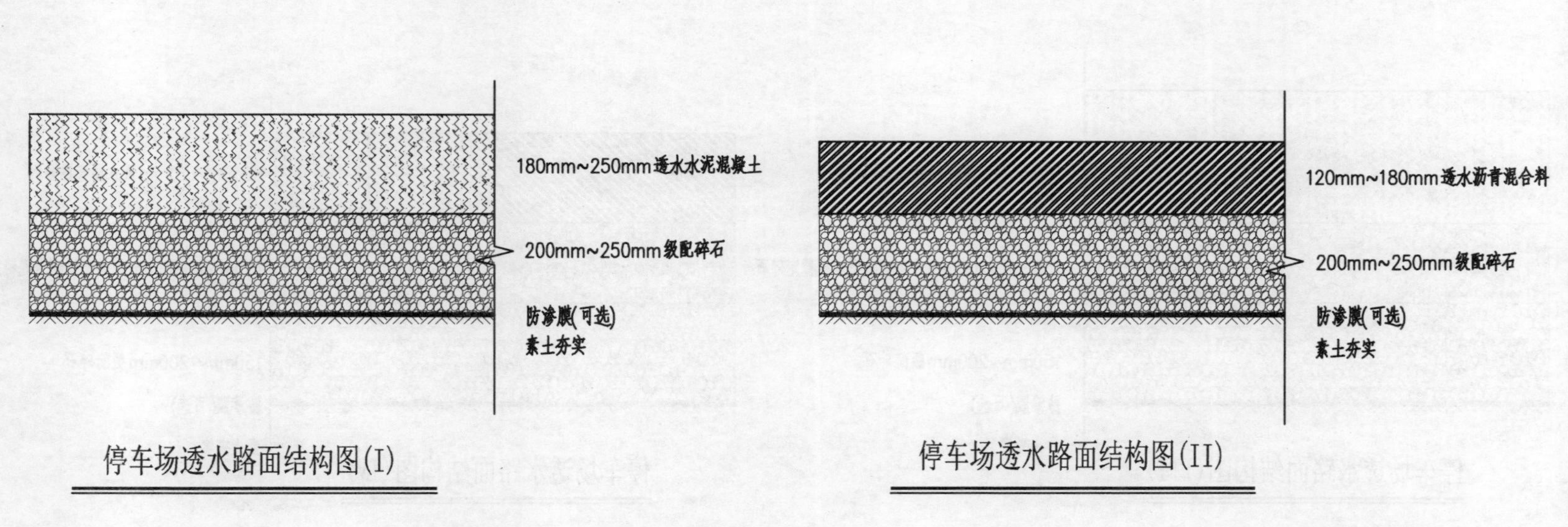
180mm~250mm透水水泥混凝土
200mm~250mm级配碎石
防渗膜(可选)
素土夯实
120mm~180mm透水沥青混合料
200mm~250mm级配碎石
防渗膜(可选)
素土夯实

停车场透水路面结构图(I)

停车场透水路面结构图(II)

说明：

1.透水水泥混凝土路面材料应符合《透水水泥混凝土路面技术规程》CJJ/T 135的相关要求;
透水沥青路面材料应符合《道路排水性沥青路面技术规程》DG/TJ 08-2074的相关要求。

2.可根据现场条件选择设置防渗膜（两布一膜），规格为400g/m^2，断裂强度≥8.0kN/m，
CBR顶破强力≥1.4kN，耐静水压0.4MPa。

停车场透水路面结构图（一）	图集号	2019沪L003 2019沪S701
	页	8

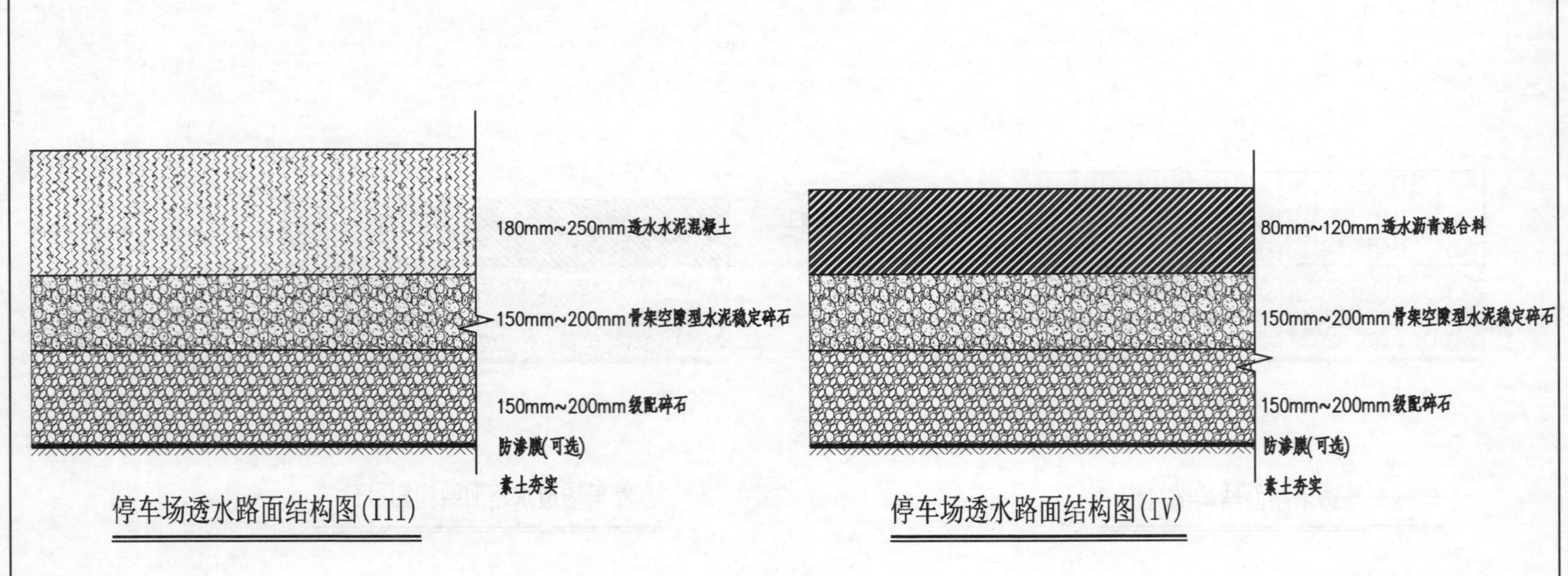
180mm~250mm透水水泥混凝土
150mm~200mm骨架空隙型水泥稳定碎石
150mm~200mm级配碎石
防渗膜(可选)
素土夯实
停车场透水路面结构图(III)
80mm~120mm透水沥青混合料
150mm~200mm骨架空隙型水泥稳定碎石
150mm~200mm级配碎石
防渗膜(可选)
素土夯实
停车场透水路面结构图(IV)

说明：

1.透水水泥混凝土路面材料应符合《透水水泥混凝土路面技术规程》CJJ/T 135的相关要求；透水沥青路面材料应符合《道路排水性沥青路面技术规程》DG/TJ 08-2074的相关要求。

2.骨架孔隙型水泥稳定碎石孔隙率为15%~23%，7d抗压强度为3.5MPa~6.5MPa。

3.可根据现场条件选择设置防渗膜（两布一膜），规格为400g/m^2，断裂强度≥8.0kN/m，CBR顶破强力≥1.4kN，耐静水压0.4MPa。

停车场透水路面结构图（二）	图集号	2019沪L003 2019沪S701
	页	9

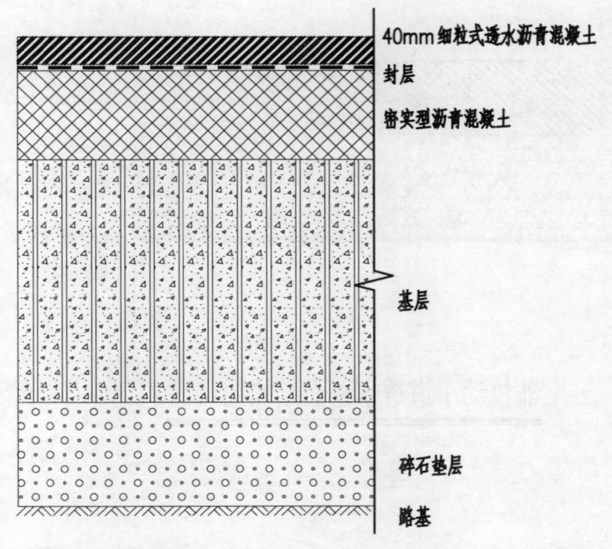

40mm细粒式透水沥青混凝土
封层
密实型沥青混凝土
基层
碎石垫层
路基

机动车道透水沥青路面结构

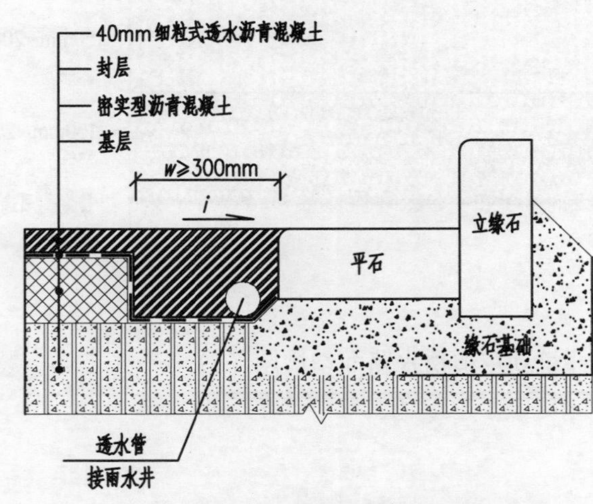

40mm细粒式透水沥青混凝土
封层
密实型沥青混凝土
基层
W≥300mm
i
立缘石
平石
缘石基础
透水管
接雨水井

机动车道透水沥青路面排水系统示意图

说明：

1.机动车道透水路面图适用于轻型荷载机动车道的路面结构，包括公园、小区轻型荷载道路。

2.边缘排水系统由透水性填料集水沟、透水管组成，集水沟宽度W不宜小于300mm，透水管管径应通过计算确定，宜大于50mm，透水管纵向坡度宜与路线纵坡相同，但不得小于0.25%，并与排水管网相连，软式透水管技术要求应符合《软式透水管》JC 937的规定。

3.封层材料技术要求应符合《道路排水性沥青路面技术规程》DG/TJ 08-2074的相关规定。

机动车道透水路面结构图	图集号	2019沪L003 2019沪S701
	页	10

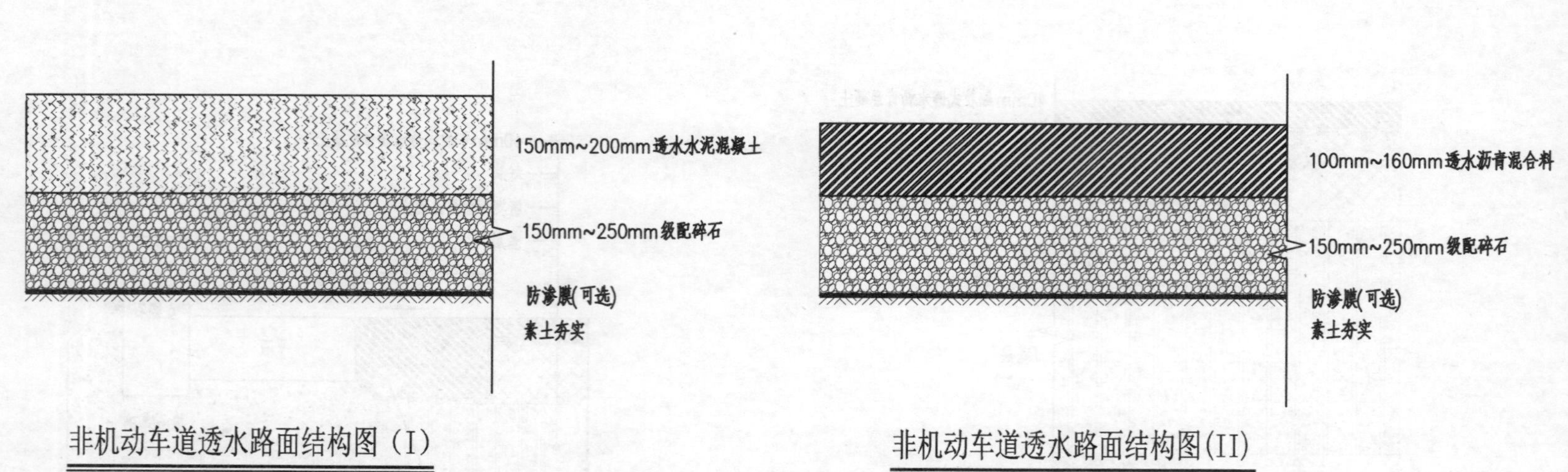
150mm~200mm透水水泥混凝土
150mm~250mm级配碎石
防渗膜(可选)
素土夯实
100mm~160mm透水沥青混合料
150mm~250mm级配碎石
防渗膜(可选)
素土夯实

非机动车道透水路面结构图（I）

非机动车道透水路面结构图(II)

说明：

1.透水水泥混凝土路面材料应符合《透水水泥混凝土路面技术规程》CJJ/T 135的相关要求;透水沥青路面材料应符合《道路排水性沥青路面技术规程》DG/TJ 08-2074的相关要求。

2.可根据现场条件选择设置防渗膜（两布一膜），规格为400g/m^2，断裂强度≥8.0kN/m，CBR顶破强力≥1.4kN，耐静水压0.4MPa。

非机动车道透水路面结构图（一）	图集号	2019沪L003 2019沪S701
	页	11

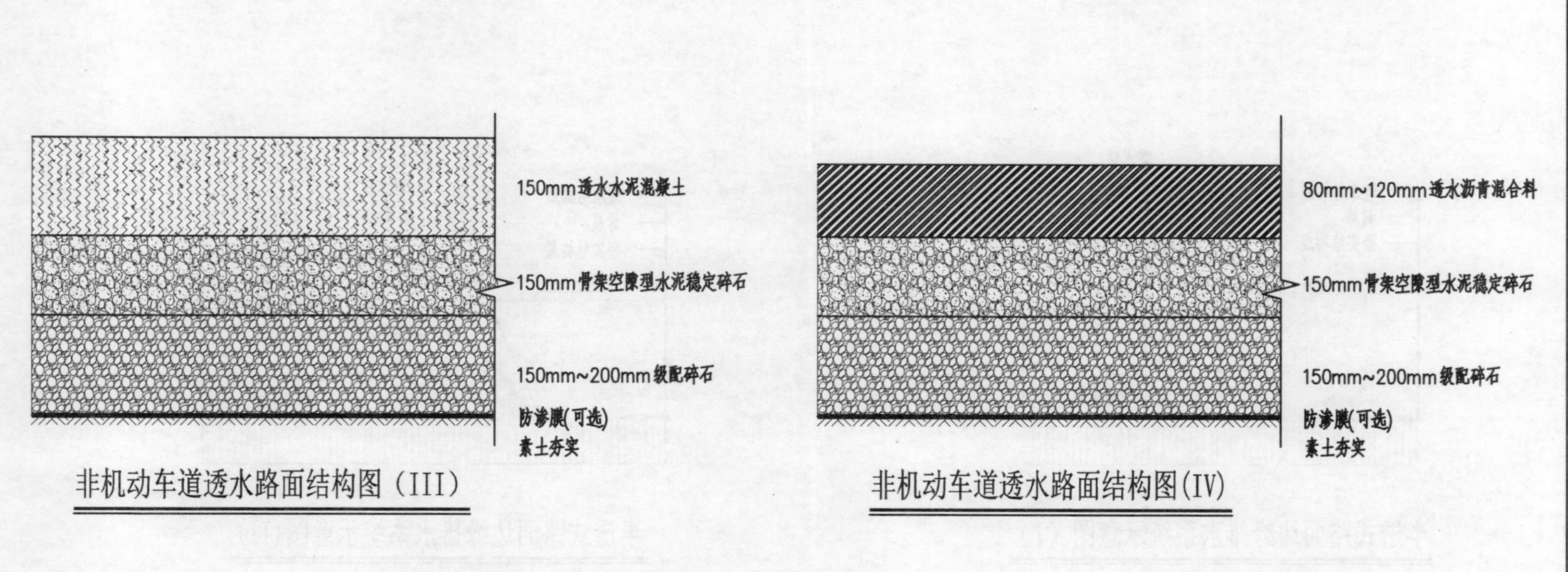
150mm透水水泥混凝土
150mm骨架空隙型水泥稳定碎石
150mm~200mm级配碎石
防渗膜(可选)
素土夯实
80mm~120mm透水沥青混合料
150mm骨架空隙型水泥稳定碎石
150mm~200mm级配碎石
防渗膜(可选)
素土夯实

非机动车道透水路面结构图（III）

非机动车道透水路面结构图(IV)

说明：

1.透水水泥混凝土路面材料应符合《透水水泥混凝土路面技术规程》CJJ/T 135的相关要求；透水沥青路面材料应符合《道路排水性沥青路面技术规程》DG/TJ 08-2074的相关要求。

2.骨架孔隙型水泥稳定碎石孔隙率为15%~23%，7d抗压强度为3.5MPa~6.5MPa。

3.可根据现场条件选择设置防渗膜（两布一膜），规格为400g/m^2，断裂强度≥8.0kN/m，CBR顶破强力≥1.4kN，耐静水压0.4MPa。

非机动车道透水路面结构图（二）	图集号	2019沪L003 2019沪S701
	页	12

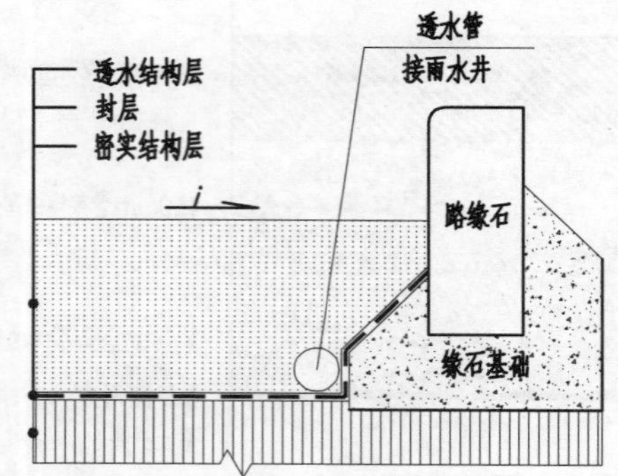
透水管
接雨水井
透水结构层
封层
密实结构层
i
路缘石
缘石基础

半透式路面边缘排水系统示意图（I）

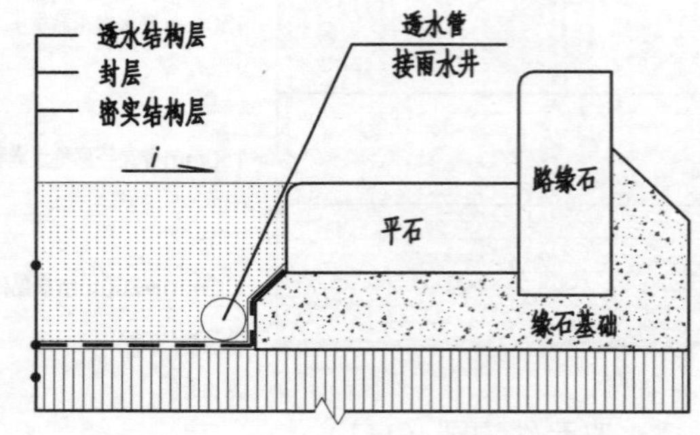
透水管
接雨水井
透水结构层
封层
密实结构层
i
路缘石
平石
缘石基础

半透式路面边缘排水系统示意图(II)

说明：

1.透水层横坡*i*宜为1.5%~2.0%。

2.边缘排水系统的软式透水管管径应通过排水计算确定，宜大于50mm，软式透水管纵向坡度宜与路线纵坡相同，但不得小于0.3%，并应与城市排水管网相接。软式透水管技术要求应符合现行产品标准《软式透水管》JC 937的规定。

3.当土基透水系数、地下水位高程等条件不满足设计要求时，全透式路面应在土基顶面增加排水系统，排水系统的设计可参照半透式路面。

4.封层材料技术要求应符合《道路排水性沥青路面技术规程》DG/TJ 08-2074的相关规定。

半透式路面边缘排水系统示意图	图集号	2019沪L003 2019沪S701
	页	13

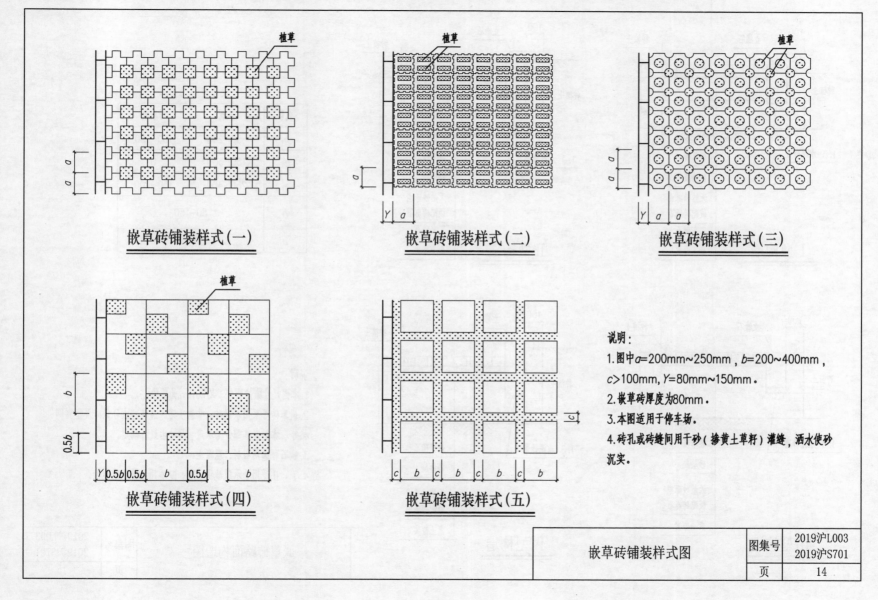

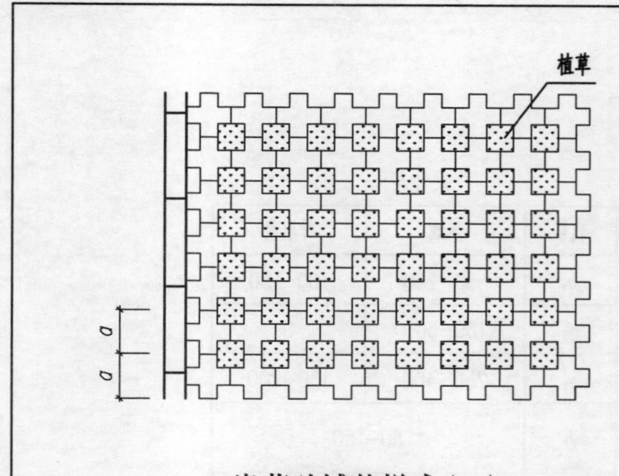
植草
a
a
嵌草砖铺装样式(一)

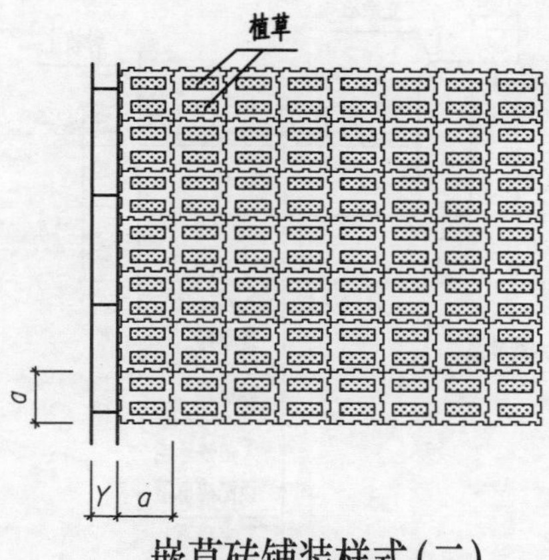
植草
a
Y
a
嵌草砖铺装样式(二)

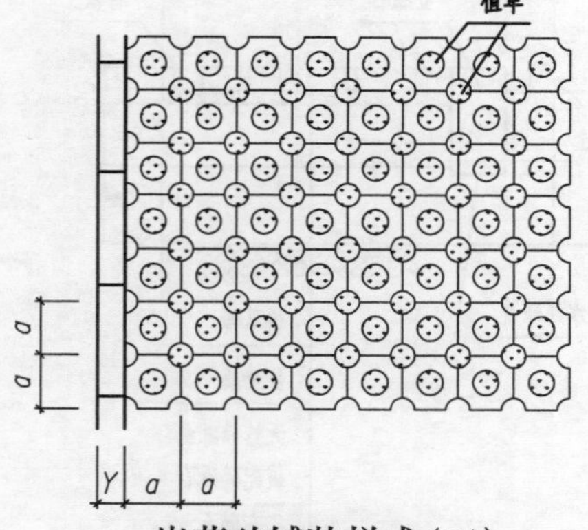
植草
a
a
Y
a
a
嵌草砖铺装样式(三)

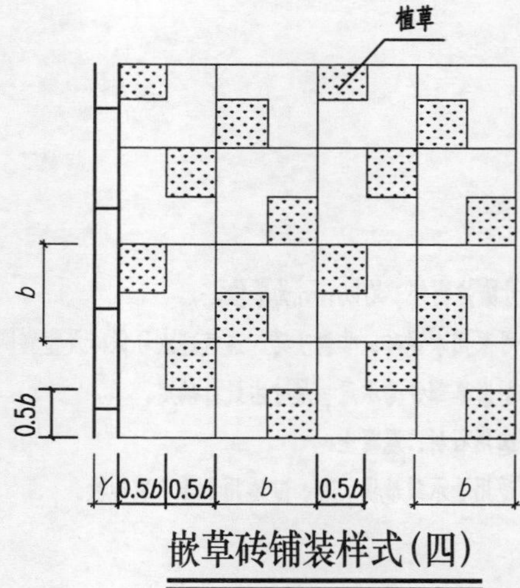
植草
b
0.5b
Y
0.5b
0.5b
b
0.5b
b
嵌草砖铺装样式(四)

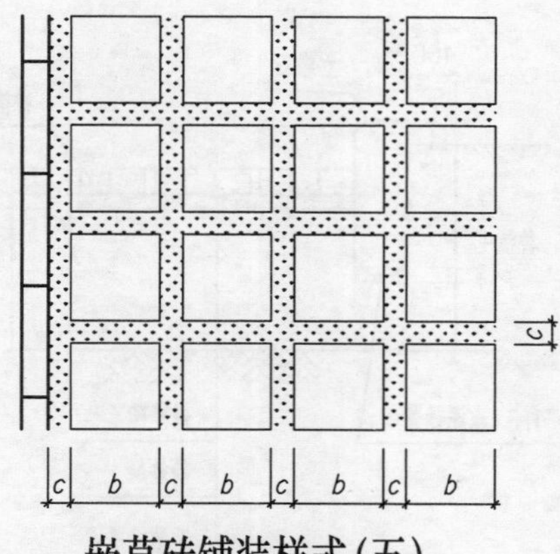
c
c
b
c
b
c
b
c
b
嵌草砖铺装样式(五)

说明：

1. 图中a=200mm~250mm，b=200~400mm，c>100mm, Y=80mm~150mm。
2. 嵌草砖厚度为80mm。
3. 本图适用于停车场。
4. 砖孔或砖缝间用干砂（掺黄土草籽）灌缝，洒水使砂沉实。

嵌草砖铺装样式图	图集号	2019沪L003 2019沪S701
	页	14

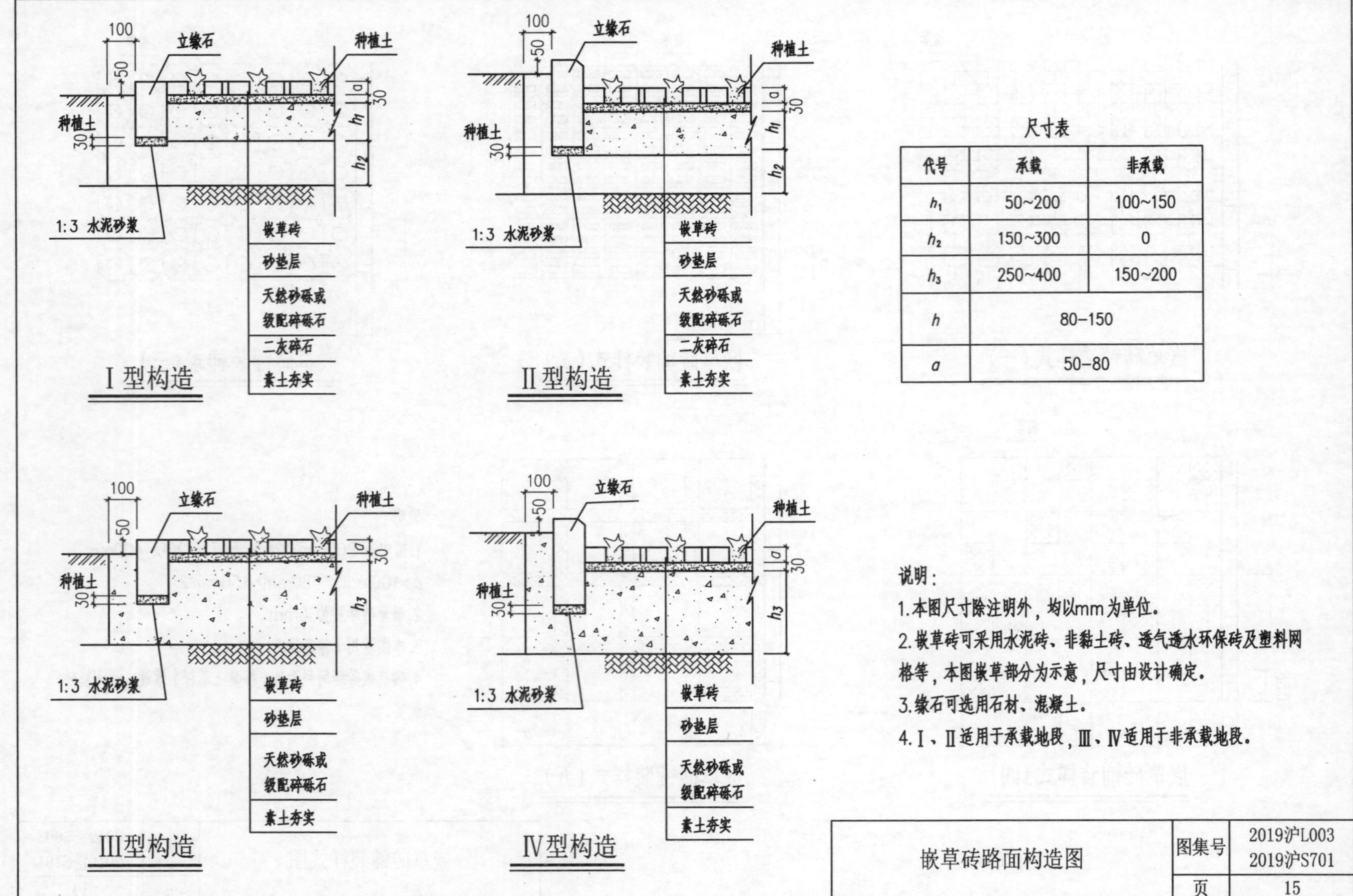
100
50
立缘石
种植土
a
30
h1
h2
h3
种植土
30
1:3 水泥砂浆
嵌草砖
砂垫层
天然砂砾或
级配碎砾石
二灰碎石
素土夯实
Ⅰ型构造
Ⅱ型构造
Ⅲ型构造
Ⅳ型构造
图集号
2019沪L003
2019沪S701
页
15
嵌草砖路面构造图

尺寸表

代号	承载	非承载
h_1	50~200	100~150
h_2	150~300	0
h_3	250~400	150~200
h	80-150	
a	50-80	

说明：

1. 本图尺寸除注明外，均以mm为单位。
2. 嵌草砖可采用水泥砖、非黏土砖、透气透水环保砖及塑料网格等，本图嵌草部分为示意，尺寸由设计确定。
3. 缘石可选用石材、混凝土。
4. Ⅰ、Ⅱ适用于承载地段，Ⅲ、Ⅳ适用于非承载地段。

嵌草砖路面构造图

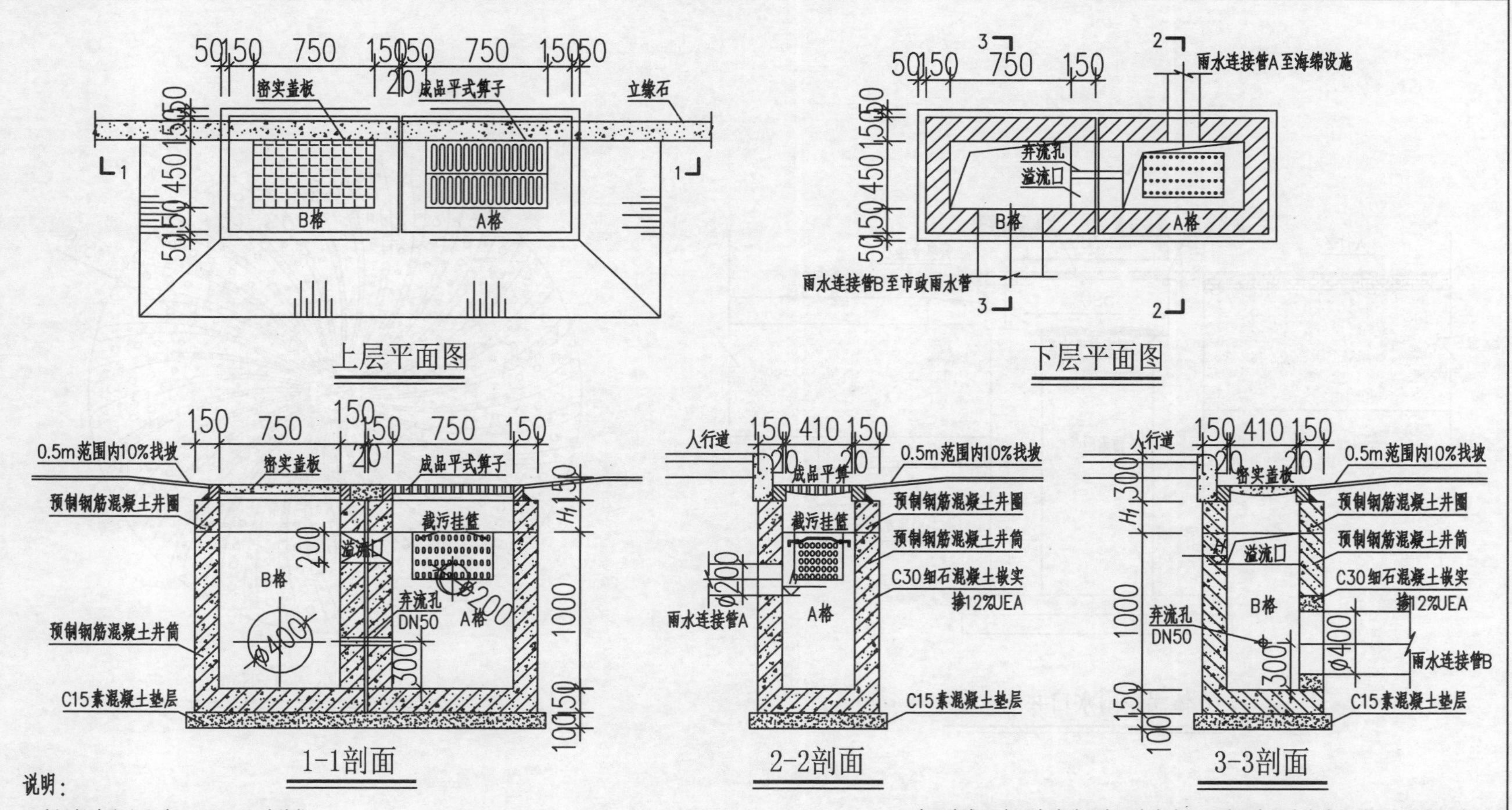
上层平面图
下层平面图
1-1剖面
2-2剖面
3-3剖面
密实盖板
成品平式箅子
立缘石
B格
A格
弃流孔
溢流口
雨水连接管A至海绵设施
雨水连接管B至市政雨水管
0.5m范围内10%找坡
预制钢筋混凝土井圈
预制钢筋混凝土井筒
截污挂篮
C30细石混凝土嵌实
掺12%UEA
C15素混凝土垫层
人行道
成品平箅
弃流孔
DN50
雨水连接管A
雨水连接管B

说明：

1.本图尺寸除注明外，均以mm为单位。

2.本图溢流式雨水口适用于削减初期雨水径流，雨水由道路收集汇入溢流式雨水口A格，经连接管A排入源头减排设施，当降雨超过源头减排设施蓄渗能力时，雨水通过溢流堰口至B格，由雨水连接管B排入市政雨水管。

3.设计时，需要严格控制溢流堰口与源头减排设施的相对标高。当溢流堰设置过高时，会导致源头减排设施水位超过设计要求而影响其正常运行；当溢流堰设置过低时，雨水直接进入雨水管，影响源头减排设施作用的发挥。

4.本溢流式雨水口分为带初期雨水弃流和不带初期雨水弃流两种。当需要初期雨水弃流时，需在溢流堰底部设DN50弃流孔，防止初期雨水进入源头减排设施。

5.钢筋混凝土井圈高度H_1为150mm或200mm，H、h由设计人员确定。

溢流式雨水口设计图	图集号	2019沪L003 2019沪S701
	页	16

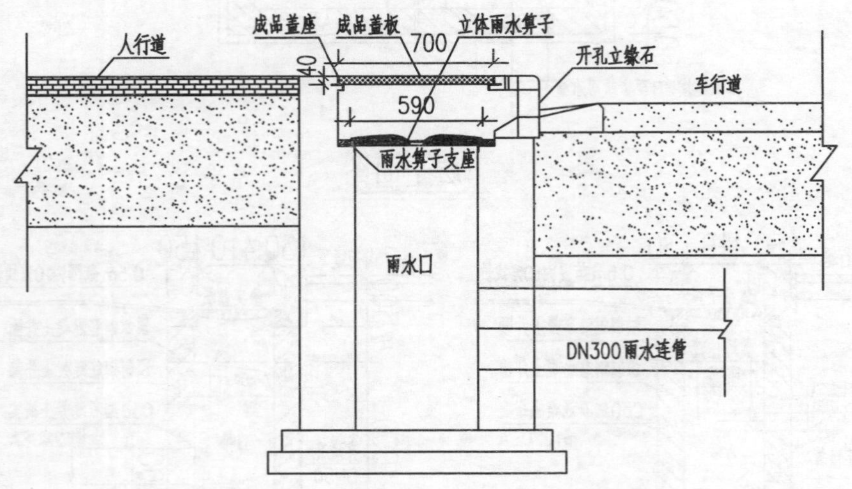
成品盖座
成品盖板
立体雨水箅子
700
人行道
40
开孔立缘石
车行道
590
雨水箅子支座
雨水口
DN300雨水连管

立体涡轮雨水口井示意图

ø590

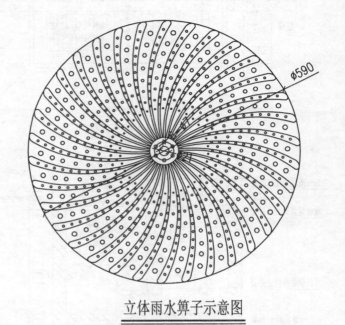

立体雨水箅子示意图

说明：

1.本图尺寸均以mm为单位。

2.立体涡轮雨水箅子适用于下凹式绿地中，用作雨水的溢流排放。

3.本图所示为成套产品，采用三层立体的排水结构形式，泄水量更大，同时不会被树枝树叶等垃圾完全堵塞，也避免垃圾进入雨水管道，维护检修方便。

立体涡轮雨水口井设计图（一）	图集号	2019沪L003 2019沪S701
	页	17

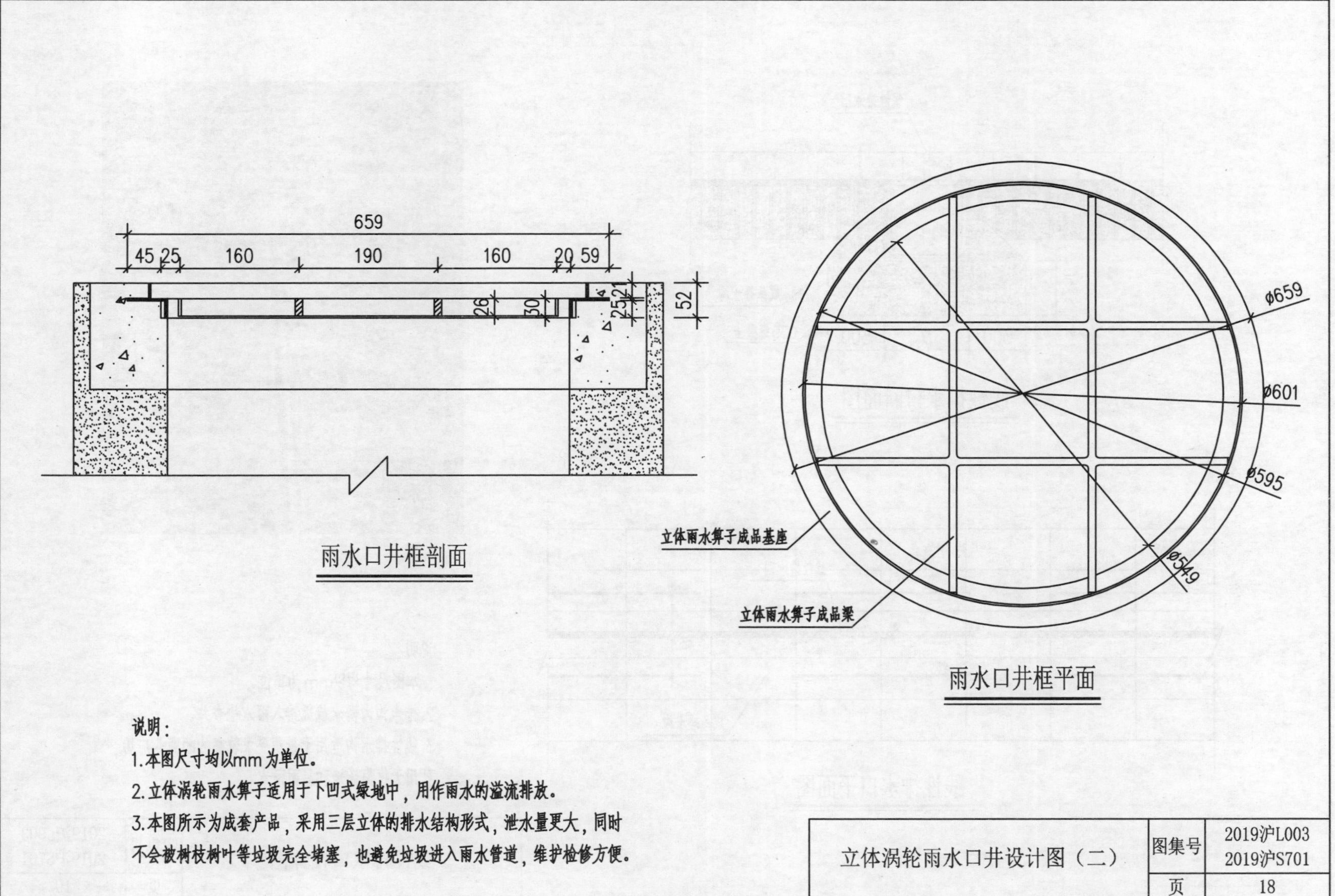
659
45 25
160
190
160
20 59
26
30
25 21
52
雨水口井框剖面
ø659
ø601
ø595
ø549
立体雨水箅子成品基座
立体雨水箅子成品梁
雨水口井框平面

说明：

1.本图尺寸均以mm为单位。

2.立体涡轮雨水箅子适用于下凹式绿地中，用作雨水的溢流排放。

3.本图所示为成套产品，采用三层立体的排水结构形式，泄水量更大，同时不会被树枝树叶等垃圾完全堵塞，也避免垃圾进入雨水管道，维护检修方便。

立体涡轮雨水口井设计图（二）	图集号	2019沪L003 2019沪S701
	页	18

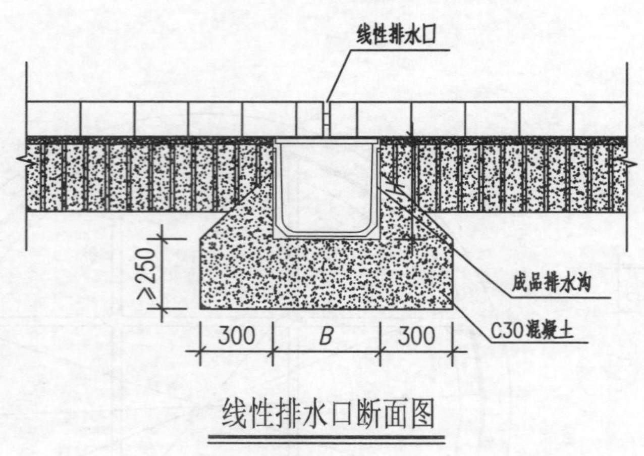
线性排水口
≥250
成品排水沟
C30混凝土
300
B
300

线性排水口断面图

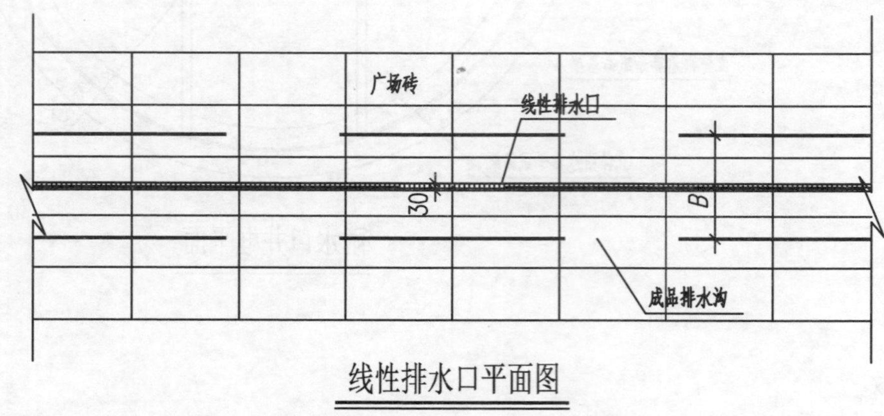
广场砖
线性排水口
30
B
成品排水沟

线性排水口平面图

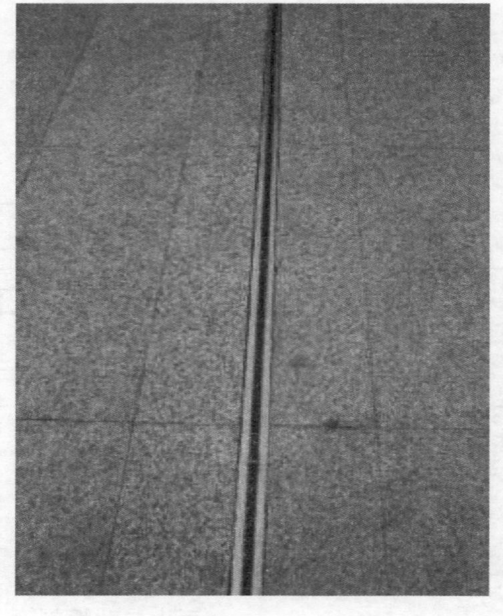

说明：

1.本图尺寸均以mm为单位。

2.排水沟内雨水就近接入雨水检查井。

3.线性排水沟适用于景观要求较高的的商业广场，可用于收集场地和屋面雨水。

线性排水口设计图	图集号	2019沪L003 2019沪S701
	页	19

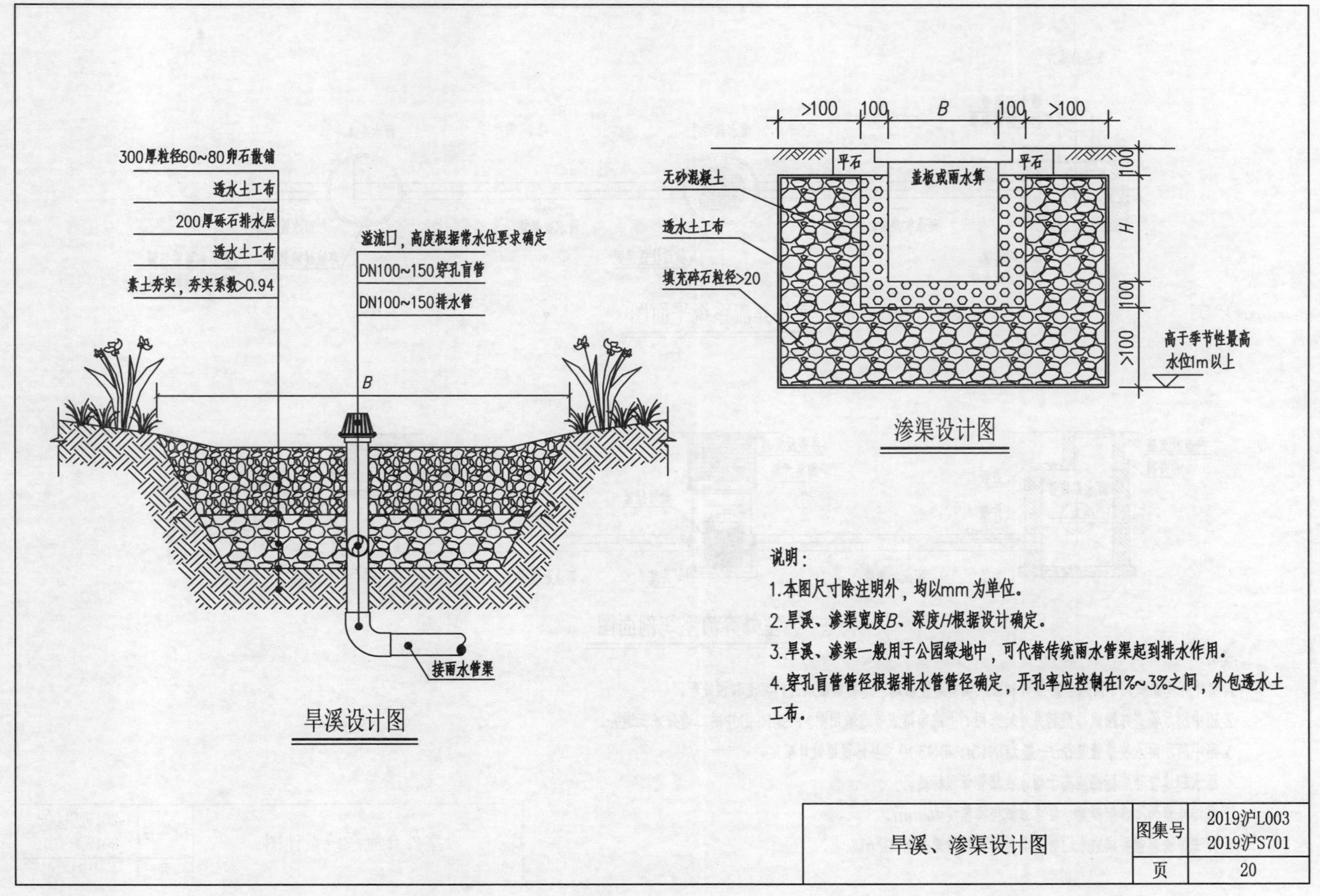
300厚粒径60~80卵石散铺
透水土工布
200厚砾石排水层
透水土工布
素土夯实，夯实系数>0.94
溢流口，高度根据常水位要求确定
DN100~150穿孔盲管
DN100~150排水管
B
接雨水管渠
旱溪设计图
>100
100
B
100
>100
平石
盖板或雨水箅
平石
无砂混凝土
透水土工布
填充碎石粒径>20
100
H
100
>100
高于季节性最高
水位1m以上
渗渠设计图

说明：

1. 本图尺寸除注明外，均以mm为单位。
2. 旱溪、渗渠宽度B、深度H根据设计确定。
3. 旱溪、渗渠一般用于公园绿地中，可代替传统雨水管渠起到排水作用。
4. 穿孔盲管管径根据排水管管径确定，开孔率应控制在1%~3%之间，外包透水土工布。

旱溪、渗渠设计图	图集号	2019沪L003 2019沪S701
	页	20

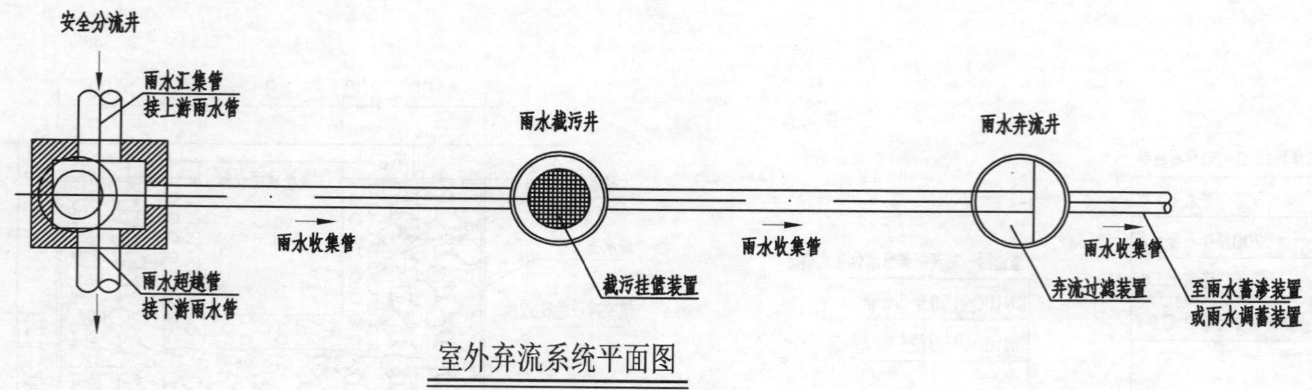
安全分流井
雨水汇集管
接上游雨水管
雨水截污井
雨水弃流井
雨水收集管
雨水收集管
雨水收集管
雨水超越管
接下游雨水管
截污挂篮装置
弃流过滤装置
至雨水蓄渗装置
或雨水调蓄装置

室外弃流系统平面图

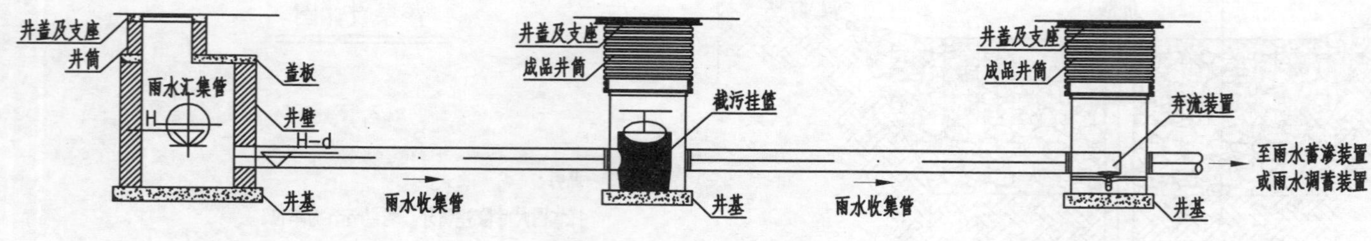
井盖及支座
井筒
雨水汇集管
盖板
H
井壁
H-d
井基
雨水收集管
井盖及支座
成品井筒
截污挂篮
井基
雨水收集管
井盖及支座
成品井筒
弃流装置
至雨水蓄渗装置
或雨水调蓄装置
井基

室外弃流系统剖面图

说明：

1. 室外弃流系统用于雨水蓄渗装置和雨水调蓄装置前端，对收集雨水进行弃流和预处理。
2. 图中所示检查井除成品塑料井外均选用《上海市排水管道通用图》PSAR-D中的二通井或三通井。
3. 图中所示雨水收集管管径d一般为DN150~DN300，具体根据设计确定。
4. 雨水超越管管底标高应高于雨水收集管管顶标高。
5. 截污挂篮为不锈钢提篮，要求过滤格栅精度为2mm。
6. 弃流过滤装置要求进水口管底与排污口管底落差需30cm以上。

室外弃流系统设计图	图集号	2019沪L003 2019沪S701
	页	21

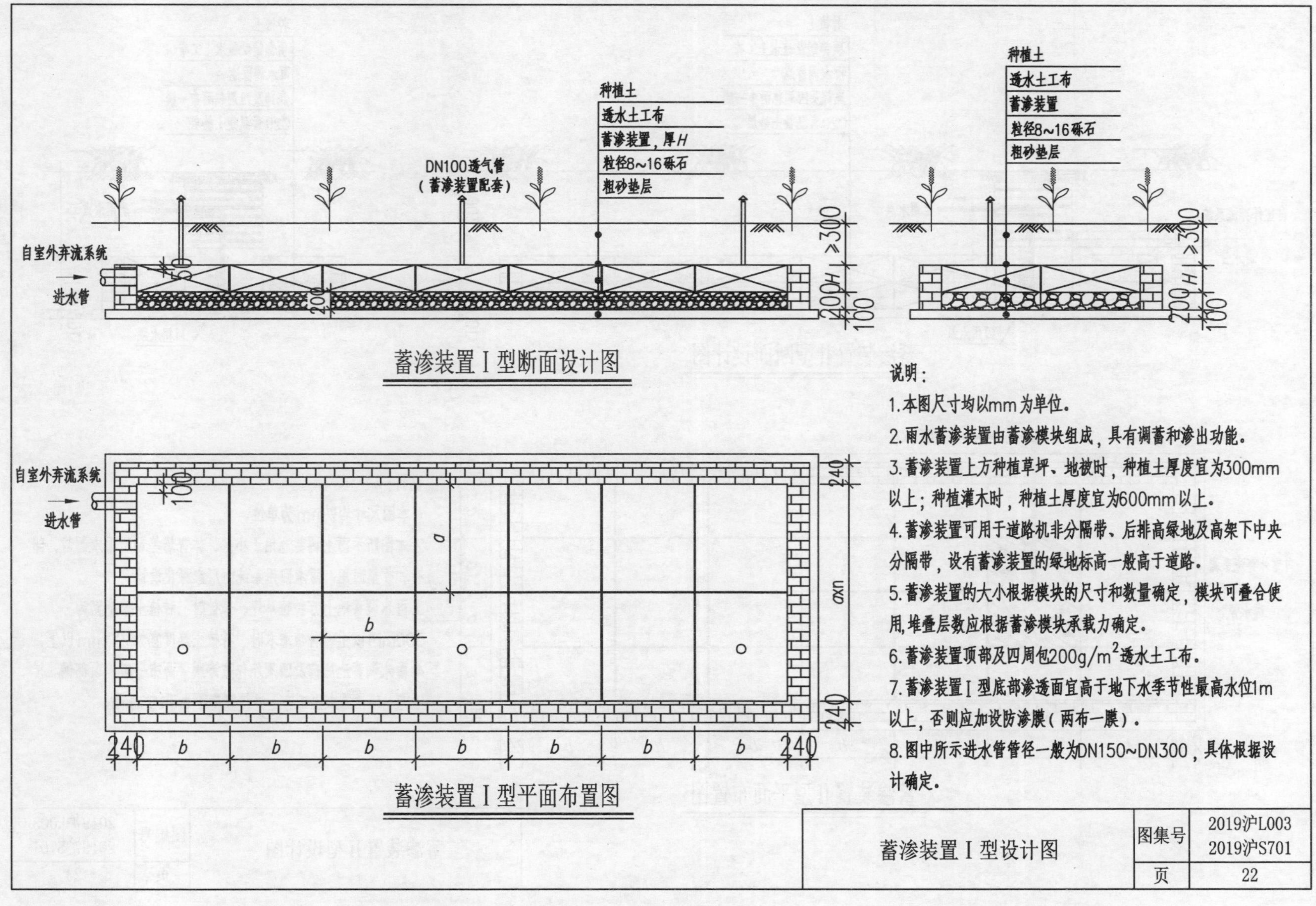
种植土
透水土工布
蓄渗装置，厚H
粒径8～16砾石
粗砂垫层
DN100透气管
（蓄渗装置配套）
自室外弃流系统
进水管
50
200
H
≥300
200
100
种植土
透水土工布
蓄渗装置
粒径8～16砾石
粗砂垫层
蓄渗装置Ⅰ型断面设计图
自室外弃流系统
进水管
100
240
a
a×n
b
240
240 b b b b b b b 240
蓄渗装置Ⅰ型平面布置图
说明：
1.本图尺寸均以mm为单位。
2.雨水蓄渗装置由蓄渗模块组成，具有调蓄和渗出功能。
3.蓄渗装置上方种植草坪、地被时，种植土厚度宜为300mm以上；种植灌木时，种植土厚度宜为600mm以上。
4.蓄渗装置可用于道路机非分隔带、后排高绿地及高架下中央分隔带，设有蓄渗装置的绿地标高一般高于道路。
5.蓄渗装置的大小根据模块的尺寸和数量确定，模块可叠合使用，堆叠层数应根据蓄渗模块承载力确定。
6.蓄渗装置顶部及四周包200g/m2透水土工布。
7.蓄渗装置Ⅰ型底部渗透面宜高于地下水季节性最高水位1m以上，否则应加设防渗膜（两布一膜）。
8.图中所示进水管管径一般为DN150~DN300，具体根据设计确定。
蓄渗装置Ⅰ型设计图
图集号
2019沪L003
2019沪S701
页
22

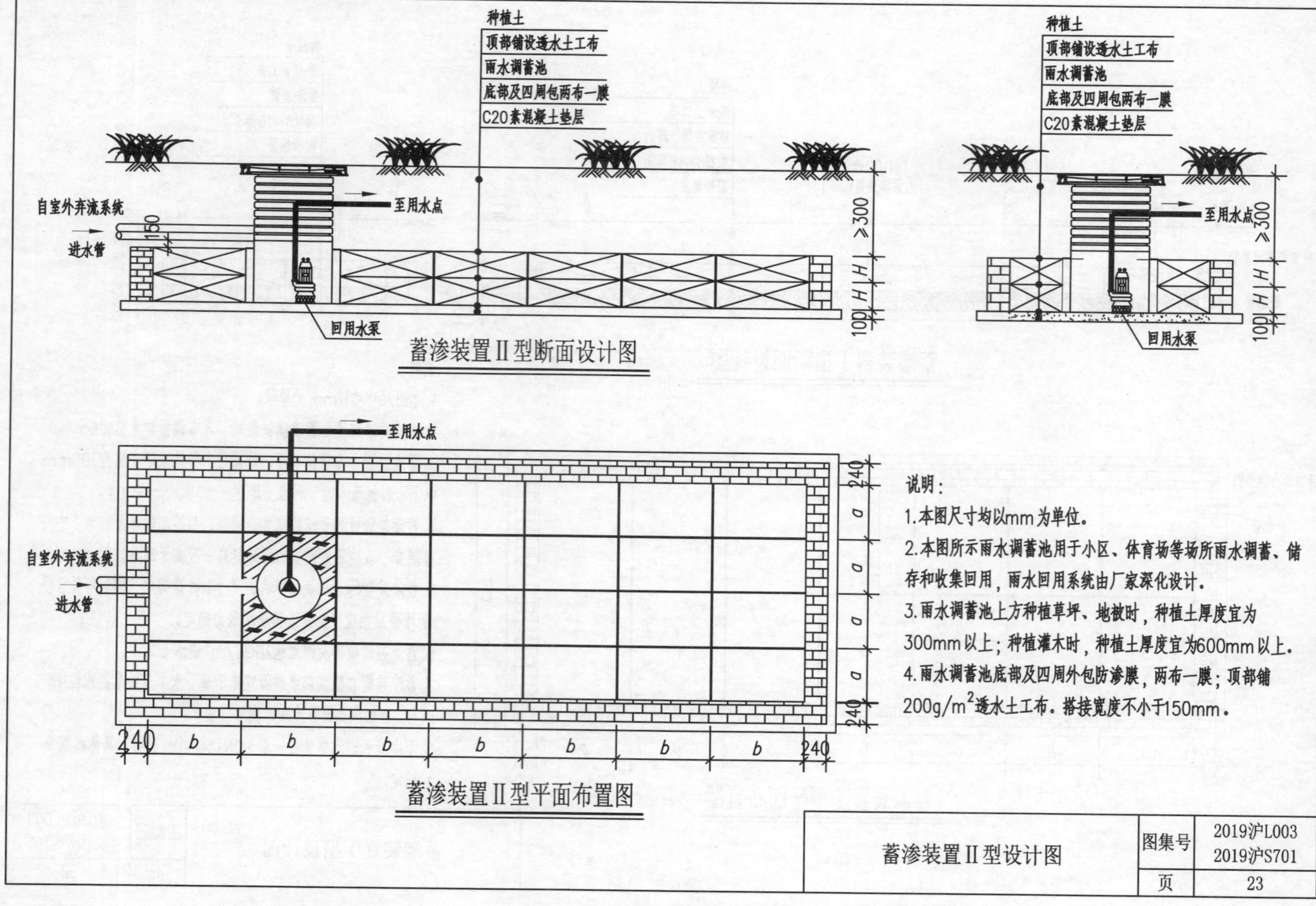
种植土
顶部铺设透水土工布
雨水调蓄池
底部及四周包两布一膜
C20素混凝土垫层
自室外弃流系统
进水管
150
至用水点
回用水泵
≥300
H
H
100
蓄渗装置Ⅱ型断面设计图
至用水点
自室外弃流系统
进水管
240
a
a
a
a
240
240
b
b
b
b
b
b
b
240
蓄渗装置Ⅱ型平面布置图
说明：
1.本图尺寸均以mm为单位。
2.本图所示雨水调蓄池用于小区、体育场等场所雨水调蓄、储存和收集回用，雨水回用系统由厂家深化设计。
3.雨水调蓄池上方种植草坪、地被时，种植土厚度宜为300mm以上；种植灌木时，种植土厚度宜为600mm以上。
4.雨水调蓄池底部及四周外包防渗膜，两布一膜；顶部铺200g/m2透水土工布，搭接宽度不小于150mm。
蓄渗装置Ⅱ型设计图
图集号
2019沪L003
2019沪S701
页
23

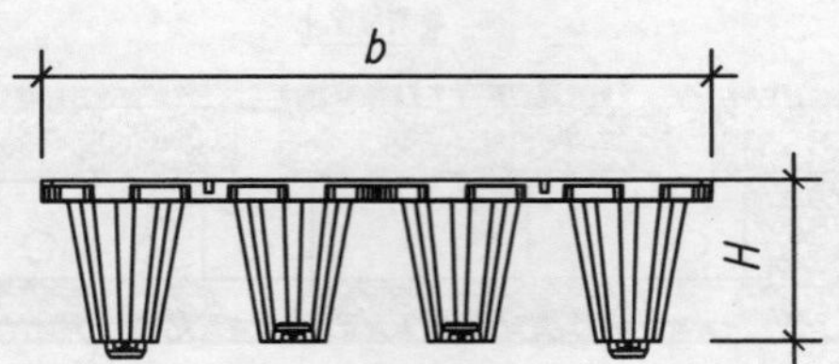
b
H

蓄渗模块立面图一

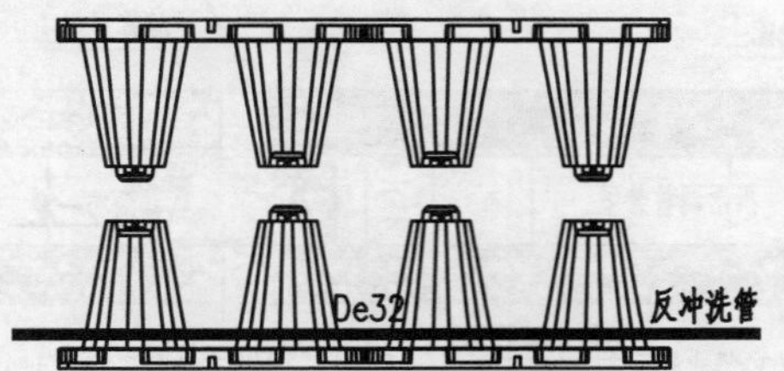
De32
反冲洗管

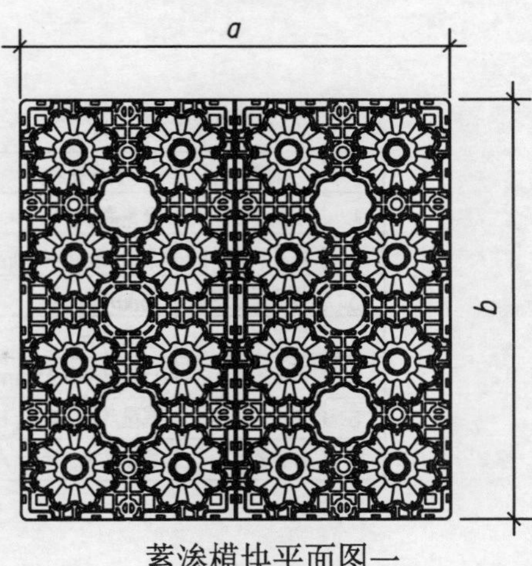
a
b

蓄渗模块平面图一

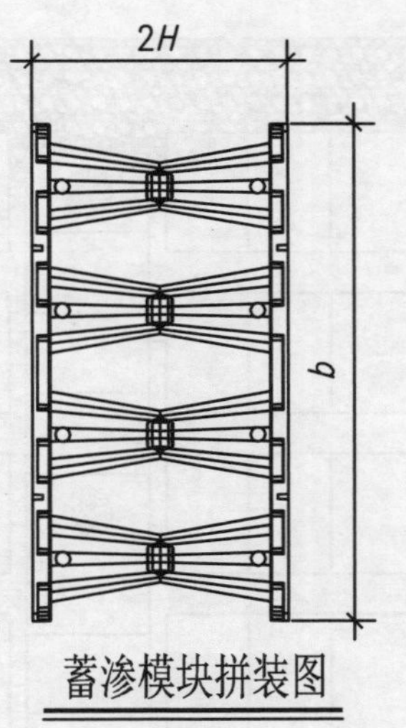
2H
b

蓄渗模块拼装图

说明：

1. 单片模块尺寸一般为$a \times b \times H$=1000mmx1000mmx250mm、500mmx1000mmx250mm。

2. 蓄渗模块采用PP塑料材质，承压能力不低于350kN/m^2。

蓄渗模块设计图	图集号	2019沪L003 2019沪S701
	页	24

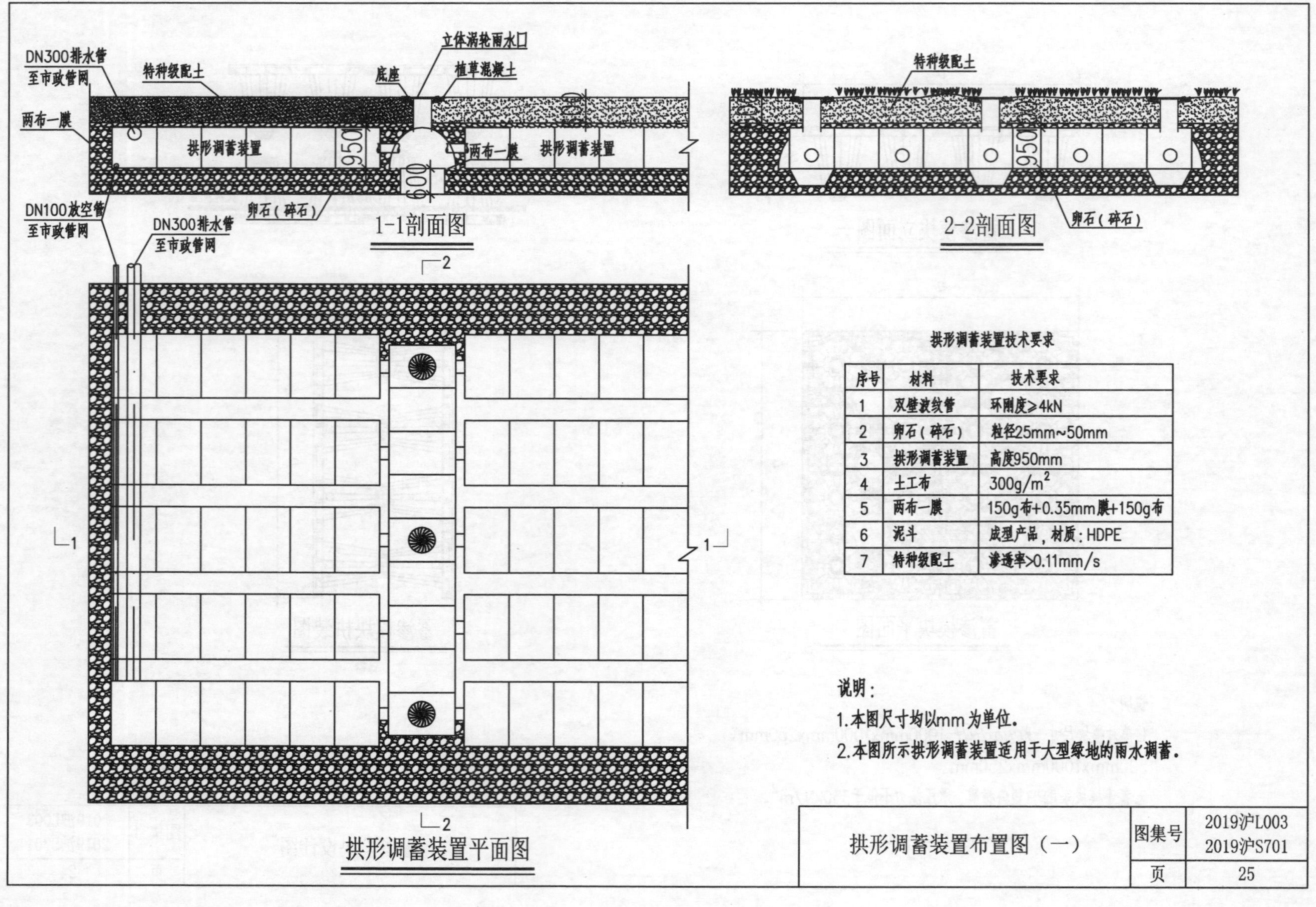
DN300排水管
至市政管网
特种级配土
两布一膜
立体涡轮雨水口
底座
植草混凝土
拱形调蓄装置
两布一膜
拱形调蓄装置
950
400
600
卵石（碎石）
DN100放空管
至市政管网
DN300排水管
至市政管网
1-1剖面图
特种级配土
950
卵石（碎石）
2-2剖面图
拱形调蓄装置平面图

拱形调蓄装置技术要求

序号	材料	技术要求
1	双壁波纹管	环刚度≥4kN
2	卵石（碎石）	粒径25mm~50mm
3	拱形调蓄装置	高度950mm
4	土工布	300g/m^2
5	两布一膜	150g布+0.35mm膜+150g布
6	泥斗	成型产品，材质：HDPE
7	特种级配土	渗透率>0.11mm/s

说明：

1.本图尺寸均以mm为单位。

2.本图所示拱形调蓄装置适用于大型绿地的雨水调蓄。

拱形调蓄装置布置图（一）	图集号	2019沪L003 2019沪S701
	页	25

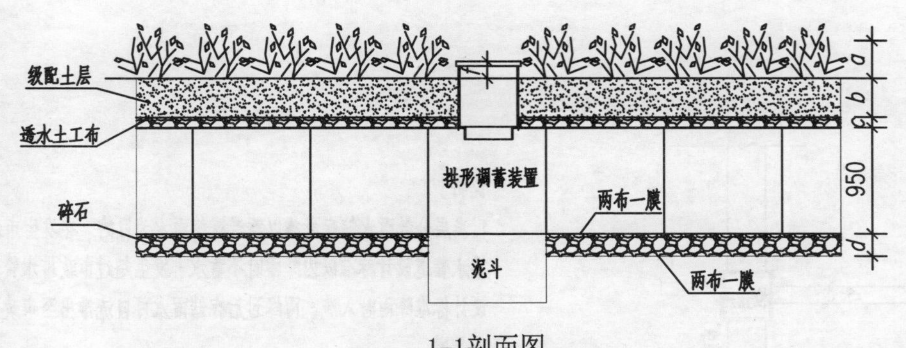
级配土层
透水土工布
拱形调蓄装置
碎石
两布一膜
泥斗
两布一膜
a
b
c
950
d
f
1-1剖面图

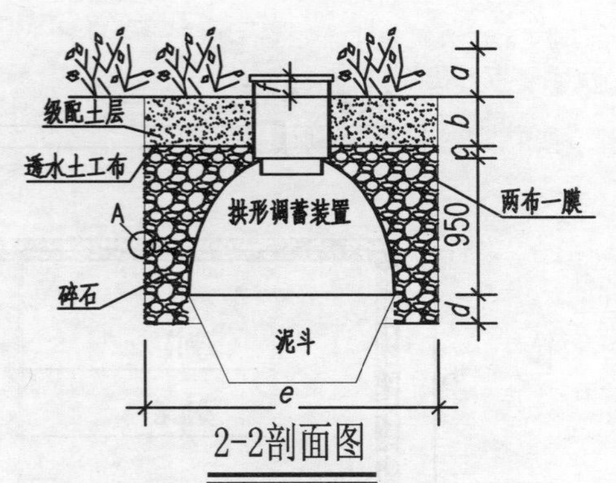
级配土层
透水土工布
拱形调蓄装置
两布一膜
A
碎石
泥斗
a
b
c
950
d
e
2-2剖面图

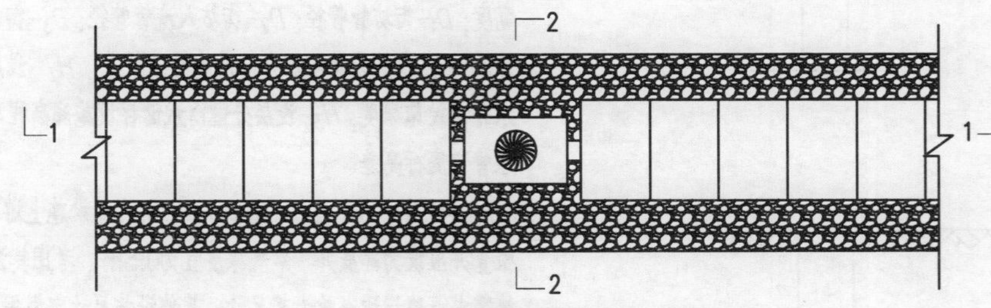
2
1
1
2
拱形调蓄装置平面图

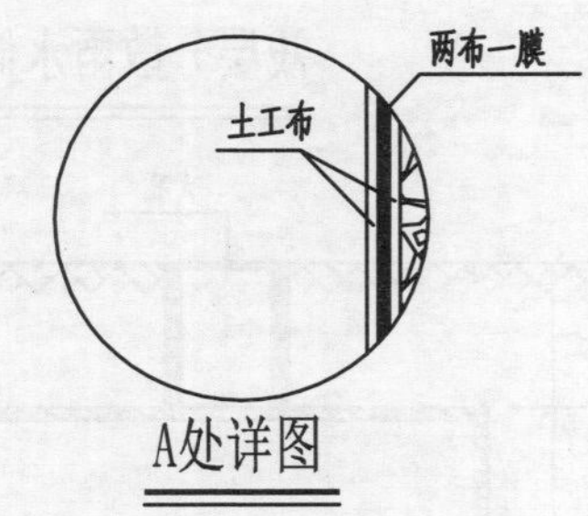
两布一膜
土工布
A处详图

拱形调蓄装置（检查井）尺寸表(mm)

符号	定义	最佳范围
a	沟深	100~300
b	土深	200~500
c	拱形调蓄装置上面碎石最小厚度	50~200
d	拱形调蓄装置下面碎石最小厚度	150~200
e	植草沟宽度	600~2000
f	检查井高出沟底	50~200

拱形调蓄装置技术要求

序号	材料	技术要求
1	拱形调蓄装置	高度950mm
2	卵石（碎石）	粒径25mm~50mm
3	土工布	300g/m^2
5	两布一膜	150g布+0.35mm膜+150g布
6	泥斗	成型产品，材质：HDPE

说明：

1.本图尺寸均以mm为单位。

2.本图拱形调蓄装置适用于长条形的绿地、分隔带等。

拱形调蓄装置布置图（二）	图集号	2019沪L003 2019沪S701
	页	26

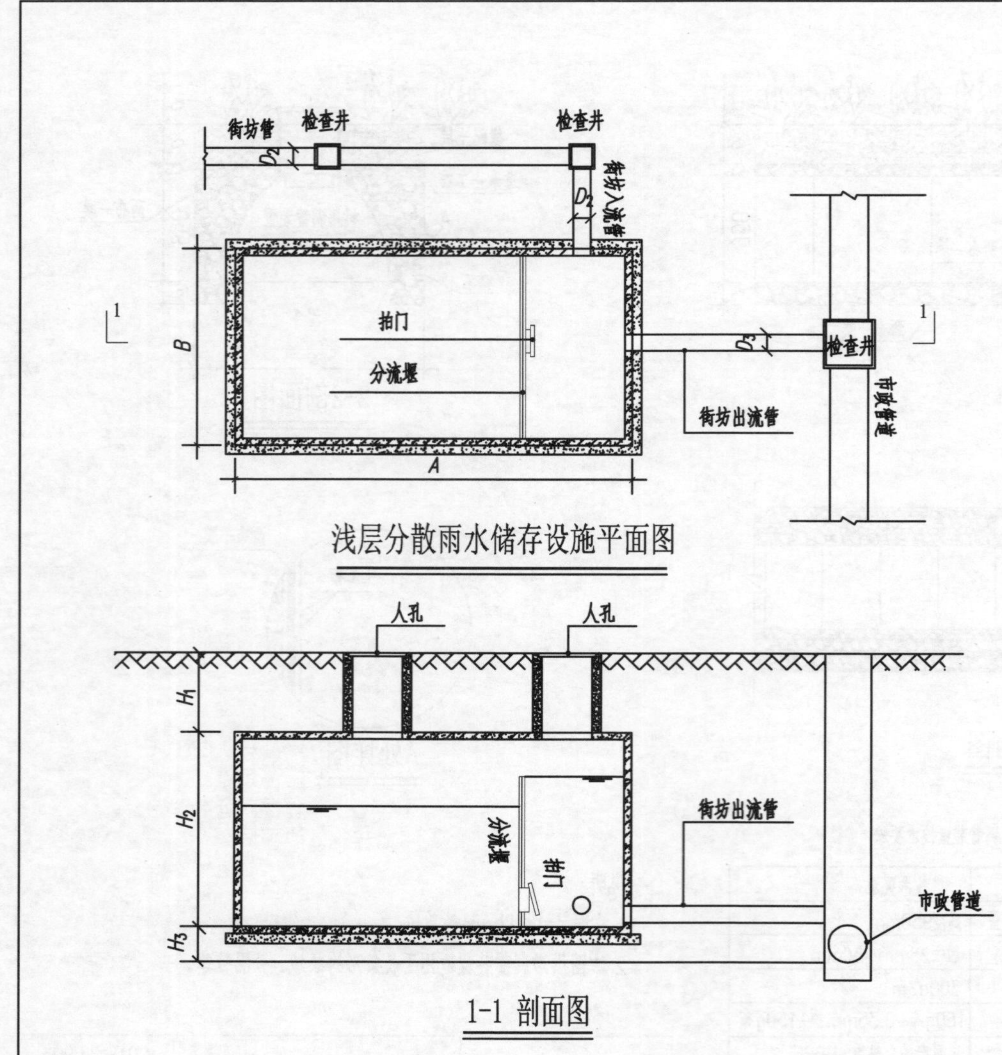
街坊管
检查井
检查井
D_2
街坊入流管
D_2
1
B
拍门
分流堰
D_3
检查井
1
街坊出流管
市政管道
A
人孔
人孔
H_1
H_2
分流堰
拍门
街坊出流管
市政管道
H_3

浅层分散雨水储存设施平面图

1-1 剖面图

说明：

1.浅层分散雨水储存设施以蓄滞峰值雨水为目的，在发生市政排水管道设计标准以内降雨时不蓄水；发生超过市政排水管道设计标准降雨时入流；雨峰过后存储雨水可自流排出至市政雨水管道。

2.A-浅层分散雨水储存设施长度；B-浅层分散雨水储存设施宽度；D_1-街坊管管径；D_2-街坊入流管管径；D_3-街坊出流管管径；H_1-浅层分散雨水存储设施覆土深度；H_2-浅层分散雨水存储设施深度；H_3-浅层分散雨水储存设施底高程与受纳排水管道底标高差。

3.$H_3 \geqslant 0.1$m，D_1、D_2、$D_3 \geqslant$DN400，存储设施上游连续两个检查井应设为落底井，落底深度宜为0.5m，考虑其沉淀和检修需求，建议适当放大其尺寸；其他设施尺寸宜根据实际情况设定。

浅层分散雨水储存设施示意图	图集号	2019沪L003 2019沪S701
	页	27

编制单位

主 编 单 位　上海市政工程设计研究总院（集团）有限公司

参 编 单 位　建筑与小区系统：华东建筑设计研究院有限公司

上海建筑设计研究院有限公司

上海现代建筑装饰环境设计研究院有限公司

绿地系统：上海市园林设计院有限公司

上海市绿化管理指导站

上海交通大学

道路与广场系统：上海市政工程设计科学研究所有限公司

上海砼仁环保技术发展有限公司

上海透泽环境科技有限公司

水务系统：上海勘测设计研究院有限公司

上海市政工程设计研究总院（集团）有限公司

上海市水务规划设计研究院

通用设施：上海城市排水系统工程技术研究中心

上海佳长环保科技有限公司

其他编制人员

尹冠霖　王　盼　聂俊英　李新建　吉　驰　孙金昭

柯　杭　杨　雪　李　琪　陈建勇　吴朱昊　严　巍

王本耀　迟娇娇　于冰沁　张建频　时珍宝　王　磊

曹　卉　蒋　欢　钱卫胜　钱　诚　熊玉华　娄　锋

陈　英　童盛元

附页	图集号	2019沪L003 2019沪S701
	页	1